普通高等教育人工智能专业系列教材

U0279563

AI芯片应用开发实践

深度学习算法与芯片设计

主 编◎曾 维 王洪辉 朱 星
副主编◎龙 婷 姚光乐 陈才华

机械工业出版社
CHINA MACHINE PRESS

本书是一本关于 AI 芯片的综合指南，不仅系统介绍了 AI 芯片的基础知识和发展趋势，还重点介绍了 AI 芯片在各个领域的应用与开发。

本书共分为 9 章，包括：认识 AI 芯片、AI 芯片开发平台、数据预处理、AI 芯片应用开发框架、AI 芯片常用模型的训练与轻量化、模型的推理框架——ONNX Runtime、FPGA 类 AI 芯片的开发实践、同构智能芯片平台应用开发实践和异构智能芯片平台应用开发实践。

本书理论联系实际，突出了 AI 芯片应用的实践特色，能够很好地满足高校人工智能、电子信息工程、智能制造工程等专业 AI 芯片与应用开发人才的培养的需求，也非常适合 AI 芯片开发工程师技能提升的需求。

本书配有教学资源（随书配备电子课件、程序源代码、数据集、教学大纲、习题答案等），需要的教师可登录 www.cmpedu.com 免费注册，审核通过后下载，或联系编辑索取（微信：13146070618，电话：010-88379739）。

图书在版编目（CIP）数据

AI 芯片应用开发实践：深度学习算法与芯片设计 /
曾维，王洪辉，朱星主编. -- 北京：机械工业出版社，
2025. 1. --（普通高等教育人工智能专业系列教材）.
ISBN 978-7-111-77354-2

Ⅰ. TN43

中国国家版本馆 CIP 数据核字第 2025HP5874 号

机械工业出版社（北京市百万庄大街 22 号　邮政编码 100037）
策划编辑：王　斌　　　　责任编辑：王　斌　解　芳
责任校对：梁　园　张　征　　责任印制：任维东
北京瑞禾彩色印刷有限公司印刷
2025 年 2 月第 1 版第 1 次印刷
184mm×240mm · 14.25 印张 · 297 千字
标准书号：ISBN 978-7-111-77354-2
定价：69.00 元

电话服务　　　　　　　　　网络服务
客服电话：010-88361066　　机 工 官 网：www.cmpbook.com
　　　　　010-88379833　　机 工 官 博：weibo.com/cmp1952
　　　　　010-68326294　　金 书 网：www.golden-book.com
封底无防伪标均为盗版　　机工教育服务网：www.cmpedu.com

前　言
PREFACE

在数字化时代背景下，人工智能技术正以前所未有的速度改变着世界的面貌。AI 芯片作为人工智能的硬件基石，对于推动深度学习算法的发展和优化起到了至关重要的作用。本书正是在这样的背景下应运而生，旨在为读者提供一个全面、深入的 AI 芯片开发指南，帮助读者掌握嵌入式 AI 芯片的开发和应用方法，以及设计 FPGA 芯片并将其应用于 AI 领域方法。

全书共 9 章，主要内容如下。

第 1 章 "认识 AI 芯片"：介绍了 AI 芯片的基本概念、分类和开发流程，以及 AI 芯片开发的通用流程和常用功能加速模块。为读者提供了 AI 芯片领域的基础知识和开发背景。

第 2 章 "AI 芯片开发平台"：介绍了 AI 芯片硬件平台的分类，以及常用的外设，如网络设备、显示模块和摄像头模块等。帮助读者了解不同硬件平台的特点和应用场景。

第 3 章 "数据预处理"：介绍了深度学习数据预处理和常用方法，同时详细介绍了视频处理工具 GStreamer 的使用方法和编写插件的技巧。

第 4 章 "AI 芯片应用开发框架"：详细介绍了基于 NVIDIA 的开发框架 TensorRT，Google Research 的开发框架 MediaPipe，英特尔的开发框架 OpenVINO 和针对手机端的开发框架 NCNN，并介绍了开发框架应用示例——车牌识别。

第 5 章 "AI 芯片常用模型的训练与轻量化"：介绍了常用的网络模型，包括深度神经网络、卷积神经网络、残差网络、生成对抗网络、循环神经网络、长短记忆网络、Transformer 和大语言模型 GPT 等；介绍了常用的模型学习类型；还介绍了模型的轻量化方法和轻量化模型设计示例——YOLO-Fire 目标检测算法。

第 6 章 "模型的推理框架——ONNX Runtime"：介绍了 ONNX Runtime 的推理流程、ONNX 格式转换工具，通过逻辑回归算法示例（基于 scikit-learn 的实现）展示了 ONNX Runtime 的具体应用场景。

第 7 章 "FPGA 类 AI 芯片的开发实践"：详细介绍了开发工具 Vitis AI 的常用参数化 IP 核以及 Vitis AI 应用开发示例，提供了 FPGA 类 AI 芯片开发的实用指南。

第 8 章 "同构智能芯片平台应用开发实践"：介绍了 Jetson Nano 开发者套件，使用前的准备，以及行人识别的开发实践案例，提供了同构智能芯片平台的实战经验。

第 9 章 "异构智能芯片平台应用开发实践"：介绍了多核芯片的核间通信机制、TDA4VM-SK 平台及其 SDK 开发软件等，为读者提供了异构智能芯片平台的开发指导。

参与本书编写的有曾维、王洪辉、朱星、龙婷、姚光乐、陈才华。编写分工如下：曾维负责第 1 章和第 2 章；王洪辉负责第 3 章和第 4 章；朱星负责第 5 章和第 6 章；龙婷负责第 7 章；姚光乐负责第 8 章；陈才华负责第 9 章。

何刚强、姚超煜、胡粒琪、蒋毅、郑均、李宇航、肖羽舟、庞记成、周俊昌、罗跃东、蔡子婷、尹生阳、肖俊秋等人参与了大量工作，包括书稿内容的核对、书中实例的验证、数据集的收集等，为本书的完成做出了贡献。

本书配备了丰富的学习资源，包括电子课件、程序源代码、教学大纲、习题答案等，有助于学习者自学，更有助于高校开展课堂教学。

在本书的编写过程中，我们力求保证内容的准确性和实用性，同时也注重技术的前沿性和创新性。我们希望本书能够成为 AI 芯片领域研究者、开发者以及对 AI 技术感兴趣的读者的良师益友，帮助他们在 AI 芯片的应用开发实践中取得成功。同时，我们也希望广大读者能够提出宝贵的意见和建议，以便我们不断改进和完善。

曾 维
2024 年 10 月于成都理工大学

第 7 章
CHAPTER.7

FPGA 类 AI 芯片的开发实践　/　158

第 8 章
CHAPTER.8

同构智能芯片平台应用开发实践　/　197

第 9 章
CHAPTER.9

异构智能芯片平台应用开发实践　/　208

第1章

认识 AI 芯片

本章全面介绍了 AI 芯片的关键概念及其发展。首先，介绍 AI 芯片的分类，涵盖 MPU、GPU 和 FPGA 等不同类型的芯片，展现了 AI 芯片多样化的技术架构和应用场景。其次，详细讨论 AI 芯片开发的通用流程，包括选择合适的开发平台、数据预处理、模型训练以及框架选择等关键步骤，以确保 AI 芯片的设计和开发过程顺利进行。最后，重点介绍 AI 芯片中常用的功能加速模块，如 VPAC、DMPAC、DL、PVA 等，这些模块通过优化神经网络计算、数据处理等关键功能，提升 AI 芯片的计算效率和性能表现。

1.1 AI 芯片概述

AI 芯片（Artificial Intelligence Chip）是专门设计用于进行人工智能计算任务的集成电路芯片。随着人工智能技术的迅速发展，AI 芯片逐渐成为推动计算能力提升和算法优化的重要工具。这些芯片通过在硬件级别实现高度优化的并行计算和算法加速，使得人工智能算法在实际应用中能够更加高效地运行。AI 芯片的设计理念融合了计算机架构、算法优化以及能源效率等多个方面。通过专用的硬件加速器（如 TPU、GPU 等），AI 芯片能够在执行复杂计算任务时取得更佳的性能，同时降低能源消耗。相较于传统的中央处理器（CPU）和图形处理器（GPU），AI 芯片在处理人工智能任务时能够提供更卓越的性能和更低的能耗。

AI 芯片主要分为专用和通用两种类型。专用 AI 芯片专为特定应用场景和任务而设计，例如图像识别、语音识别、自然语言处理等。这些芯片通常采用硬件加速器，如张量处理器（Tensor Processing Unit，TPU）、图形处理器（Graphics Processing Unit，GPU）、现场可编程门阵列（Field Programmable Gate Array，FPGA）和专用集成芯片（Application-Specific Integrated Circuit，ASIC）等，能够在短时间内完成高强度的计算任务。通用 AI 芯片则设计用于处理各种不同类型的人工智能任务，包括训练和推理，具备灵活的体系结构以便在不同任务之间灵活切换。此外，还存在混合型芯片，将专用和通用的特性融合，从而实现更高的性能和效率。

AI 芯片的设计涉及多个方面的因素，如硬件架构、训练与推理、精度与效率、应用场景和软件支持等。硬件架构显著影响芯片的性能和功耗。训练与推理因不同的任务要求而需要不同的设计策略。精度与效率之间需要平衡，高精度可获得更准确的预测结果，但代价是更高的计算成本；高效率则带来更快的计算速度和更低的能耗，但可能会稍微降低精度。AI 芯片应用广泛，涵盖自动驾驶、医疗诊断、智能家居、工业自动化、金融风控等领域。为了支持 AI 芯片的开发与应用，还需要相应的软件框架和工具链来优化性能和功耗，使开发者能够更轻松地训练和推理人工智能模型。

目前，市场上有众多公司和研究机构致力于设计和生产 AI 芯片。这些芯片的设计可根据不同的应用需求进行优化，有些芯片专注于深度学习任务的加速，而其他则专注于实时边缘计算的执行。著名的 AI 芯片制造商包括 NVIDIA、Intel、AMD、Google、Apple 等。AI 芯片的发展成为推动人工智能技术迅速发展的关键驱动因素。它们的出现使得更大规模的数据和更复杂的算法能够在较短时间内得到处理，从而推进了人工智能在各个领域的应用和创新。随着技术的不断进步，未来 AI 芯片将持续演进，提供更强大的计算能力和更高效的能源利用效率，以满足不断增长的人工智能需求。

1.2　AI 芯片分类

▶▶ 1.2.1　传统中央微处理器——MPU

传统中央微处理器（Microprocessor Unit，MPU）是一种常见的集成电路芯片，用于执行通用计算任务。MPU 被广泛应用于各种计算机系统和设备中，包括个人计算机、服务器和移动设备等。作为一种通用处理器，MPU 具备多核心（Core），每个核心能独立执行指令和进行计算操作。其通常使用复杂指令集计算机（Complex Instruction Set Computer，CISC）架构，以支持复杂的指令集和多功能的操作。

随着计算机应用场景的不断扩展和技术的持续创新，MPU 也在不断演化与发展。过去几十年间，MPU 的性能、功耗以及集成度都得到了显著的改进。从最早的单核心设计到如今多核心、超线程技术等的运用，MPU 已经成为现代计算领域的中坚力量。其每一次的进化都推动着整个信息技术领域向前迈进。例如，在过去，MPU 设计更多地关注时钟频率的提升，但随着功耗和散热问题逐渐凸显，现代 MPU 在追求高性能的同时，也更注重能效和散热解决方案的优化。当前，主流的 MPU 产品具备更强大的计算能力、更低的功耗以及更高的集成度等特性。芯片制造工艺的进步使得芯片的晶体管可以被集成在更小的区域内，从而提高了集成度和性能。此外，硬件设计的创新也使得高速缓存、内存管理单元和指令预取等方面得到优化，进一步提升了 MPU 的性能。这些特性使得现代 MPU 能够同时应对更复杂的应用场景。同时，随着人工智能、物联网、自动驾驶等新兴技术的兴起，MPU 在各个领域中的应用也日益广泛。例如，物联网领域的微控制器和单片机，以及人工智能领域的 GPU 和 ASIC 等，均是 MPU 在不同领域中的具体应用。

MPU 具备较高的时钟频率和强大的计算能力，能处理广泛的应用程序和任务。它支持操作系统的运行，可以同时执行多个应用程序，展现出出色的多任务处理能力。然而与 AI 芯片相比，在进行人工智能计算任务时，MPU 的性能和能效相对较低。由于 MPU 的设计目标是通用计算，缺少专用的硬件加速器来加速人工智能算法的执行，因此，在处理复杂的人工智能任务时，MPU 的计算速度和效率可能不如专门设计的 AI 芯片。然而，MPU 在许多应用领域中仍扮演着重要角色。它适用于通用计算任务、操作系统运行、通用应用程序和软件的执行等。在许多场景下，MPU 提供了足够的计算能力，并且成本相对较低，因此仍然是许多计算设备的核心处理单元。

值得注意的是，随着技术的不断进步，MPU 的性能和能效也在不断提升。新一代 MPU 芯片具备更高的时钟频率、更多的核心和更强大的计算能力，以满足不断增长的计算需求。同时，MPU 的设计也在一定程度上受到 AI 芯片的影响，一些 MPU 芯片开始集成一些 AI 加速功能，以提供更强的人工智能计算性能。

未来，随着计算机应用场景的不断演变和技术的不断进步，MPU 还将继续发挥重要的作用。随着物联网的蓬勃发展，更多的设备将需要计算能力来支持连接和数据处理。同时，在人工智能领域，虽然专门的 AI 芯片在处理特定任务上更高效，但通用性仍然是 MPU 的优势之一，因此在许多情况下，MPU 仍然会作为整体系统的核心。这种多元化的处理器生态系统将为不同应用场景提供更多选择，从而推动技术的全面发展。

▶▶ 1.2.2 通用芯片——GPU

GPU 是一种专门设计用于处理图形和图像计算任务的集成电路芯片。最初，GPU 主要用于图形渲染和显示、驱动计算机的显示器或屏幕的显示。然而，随着计算需求的不断增加以及并行计算能力的优势，GPU 逐渐扩展其应用领域，涵盖科学计算、机器学习和人工智能等领域。GPU 的设计目标在于高效地执行并行计算任务，相较于传统中央处理器（CPU），GPU 拥有更多的计算核心，能同时处理大量的数据和指令。GPU 采用 SIMD（Single Instruction, Multiple Data）架构，即单指令多数据流架构，使得多个核心可以并行执行同一指令的不同数据流，从而实现高度的并行计算。这种设计使 GPU 在处理同一种操作时能够同时应用于多个数据元素，加速了许多需要对大规模数据集进行操作的任务。

在图形处理方面，GPU 展现出其出色的并行计算能力。它能快速处理和渲染复杂的图形和图像，执行诸如几何变换、纹理映射、光照计算等高度计算密集型任务，从而提供流畅逼真的视觉效果。随着机器学习和人工智能的发展，GPU 在深度学习等领域的作用正日益增强。深度学习算法通常涉及大量的矩阵计算和神经网络训练，这些任务适合于高度并行化的处理。这种与图形渲染相似的并行计算能力，使得 GPU 成为执行深度学习任务的重要工具。许多深度学习框架和库也针对 GPU 进行了优化，提高计算性能和效率，从而加速深度学习模型的训练和推断过程。除了图形处理和人工智能，GPU 在科学计算和大数据分析等领域同样发挥着重要作用。它能够加速各种复杂计算任务，如物理模拟、气候模型、分子动力学模拟等。通过充分利用 GPU 的并行计算能力，使这些任务得以在更短时间内完成，从而提高计算效率，促进科学研究的进展。随着技术的进步，GPU 的性能和能效也在不断提高。新一代 GPU 芯片具有更多的计算核心、更高的时钟频率和更强大的计算能力，能够满足不断增长的计算需求。同时，GPU 在架构和软件支持方面也在不断优化，为用户提供更优秀的性能和更便捷的开发环境。

随着 GPU 的发展，厂商和研究机构开始设计和生产专门用于人工智能计算的 GPU。这些GPU 集成了更多的 AI 加速器和特定的硬件优化，以更好地支持深度学习和其他人工智能算法的高效执行。以 NVIDIA 的 Tensor Core 和 AMD 的 Infinity Fabric 为例，这些创新技术的引入旨在提升 GPU 在人工智能领域的性能和效率。此外，GPU 的应用也离不开软件框架和工具的支持。开源深度学习框架，如 TensorFlow 和 PyTorch，为开发者提供了针对 GPU 加速的接口和算法实现，使得开发者能够方便地利用 GPU 进行深度学习任务的训练和推理。同时，GPU 还得到了广泛的编程语言和开发环境的支持，使得开发者能够灵活地编写和优化 GPU 计算程序。CUDA（Compute Unified Device Architecture）是一种专门针对 NVIDIA GPU 的并行计算平台和编程模型，而 OpenCL（Open Computing Language）则是一种跨平台的并行计算框架，使得开发者能够更加自由地利用 GPU 的并行能力。

需要指出的是，尽管 GPU 在并行计算和图形处理方面具有很高的性能和能效，但并非适用于所有类型的计算任务。对于需要顺序执行的任务或较低延迟的实时计算任务，传统的中央处理器（CPU）可能更为适合。此外，由于 GPU 的功耗较高，对于功耗敏感的移动设备等场景可能不太适用。因此，在选择计算设备时，需要根据具体的应用需求和场景来综合评估 GPU 的适用性。

综上所述，GPU 作为一种专门用于处理图形和图像计算任务的芯片，具备强大高效的并行计算能力。它在图形渲染、深度学习、科学计算和大数据分析等领域发挥着重要作用，并随着技术的发展不断提升性能和能效。现代 GPU 具备更强大的计算能力、更低的功耗、更高的带宽和更大的存储容量等特性。同时，针对机器学习和深度学习等领域的需求，GPU 也逐渐演化出专用处理器，如 NVIDIA 的 Tensor Core 和 Google 的 TPU 等。因此，随着计算机技术和应用场景的不断演变，GPU 将继续发挥重要作用，并不断演化和发展。然而，在面对不同类型的计算任务和应用场景时，仍需充分考虑 GPU 的特性和限制，选择适合的计算设备。

▶▶ 1.2.3　半定制化芯片——FPGA

FPGA 是一种可编程逻辑器件，用于实现数字电路的硬件加速和定制化。与传统的中央处理器（CPU）和图形处理器（GPU）不同，FPGA 是一种可编程的硬件，可以通过编程来实现特定的功能和算法。FPGA 由大量可编程逻辑单元（Logic Cell）和可编程互联网络（Programmable Interconnect Network）组成。可编程逻辑单元可以实现逻辑门、寄存器、算术运算器等基本逻辑功能，可编程互联网络将这些逻辑单元连接在一起，从而形成复杂的电路结构。通过在 FPGA 上进行逻辑设计和编程，可以实现各种不同的数字电路和计算任务。

FPGA 具备出色的灵活性和可编程性。它在高速数据处理、信号处理和实时控制等领域发挥着重要作用。然而，在涉及大规模计算和高性能要求的应用中，专用的硬件加速器（如 ASIC）或图形处理器（GPU）可能更加适用。ASIC 可以通过专门的电路设计实现最高效的计算，但缺乏可编程性和灵活性，开发和生产成本也相对较高，因此更适合于固定任务的加速需求。GPU 则专注于图形渲染和并行计算，在人工智能领域也得到广泛应用，提供较高的计算性能和能效。然而，尽管 GPU 在通用计算领域具有优势，但在某些特定任务中可能受限于其设计特点。

随着技术的不断进步，FPGA 的性能和能效也在不断提升。新一代的 FPGA 产品具有更高的逻辑单元密度、更快的时钟频率和更强大的计算能力。同时，一些厂商还推出了更友好的开发工具和软件支持，降低了 FPGA 的设计门槛，使得更多的开发者能够利用 FPGA 进行应用开发。在人工智能领域，FPGA 可以与其他计算设备（如 CPU、GPU）结合使用，形成更强大的混合计算系统。例如，FPGA 可以用于加速神经网络的前向推理，而 CPU 和 GPU 可以用于模型训练和后续的数据处理。这种异构计算的结合，有效地利用了各自的优势，可以提供更好的性能和能效，以满足不同级别的计算需求。

综上所述，FPGA 是一种灵活可重构的逻辑器件，在定制化设计和实时计算领域具有独特优势。它在实时数据处理、信号处理和实时控制等领域发挥着重要作用。随着技术的持续发展，FPGA 的性能和能效不断提升，为更多应用场景带来创新和发展的机会。尤其在人工智能领域，FPGA 与其他计算设备结合使用，可以达到更高的性能和能效水平，满足不同的计算需求。总的来说，FPGA 在其多重优势的推动下，为不同领域带来了新的可能性，并将在未来继续扮演重要角色。

1.3 AI 芯片开发的通用流程

▶▶ 1.3.1 选择 AI 芯片开发平台

选择 AI 芯片开发平台时，有几个关键因素需要考虑，以下是常见的选择标准。

（1）功能和性能

评估平台是否提供所需的功能和性能。这包括处理能力、并行计算能力、内存容量、能耗效率等。根据项目的计算需求和应用场景，选择适合的性能级别是关键。

（2）软件支持

考虑平台所提供的软件支持。一个好的 AI 芯片开发平台应该提供易于使用的开发工具和库，以及与流行的机器学习框架（如 TensorFlow、PyTorch）的兼容性，这将能够快速开发和优化算法。

（3）生态系统和社区支持

查看平台的生态系统和社区支持情况。一个活跃的社区将提供丰富的技术支持、解决问题的资源和经验。此外，检查是否有相关的文档、示例代码和教程可供参考。

（4）开发成本和时间

评估平台的开发成本和时间。包括硬件成本、许可费用、开发工具的可用性等。选择一个经济实惠且易于使用的平台，可以加快项目开发速度并降低总体成本。

（5）可扩展性和未来发展

考虑平台的可扩展性和未来发展趋势。选择一个具有良好扩展性的平台，可以满足未来可能的需求。此外，了解该平台是否有持续的研发和更新计划，以确保它能跟上快速发展的 AI 技术领域。

常见的 AI 芯片开发平台包括 NVIDIA 的 CUDA 和 TensorRT、Intel 的 OpenVINO、Google 的 TPU 等。根据具体需求和项目要求，选择适合的平台很重要。建议在选择之前进行深入的调查和评估，甚至可以尝试使用不同平台进行原型开发和比较，以找到最佳的选择。

▶▶ 1.3.2 数据预处理

AI 芯片数据预处理是指在进行人工智能任务之前对数据进行必要的处理和准备。数据预处理是 AI 模型训练和推理的关键步骤之一，对于提升模型的准确性和性能至关重要。以下是一些常见的 AI 芯片数据预处理方法。

（1）数据清洗

数据清洗旨在剔除数据中的噪声、异常值和缺失值，以确保数据质量。在数据中，噪声、异常值和缺失值可能影响模型的性能和准确性。噪声是不符合真实情况的不相关信息，异常值是与其他数据点明显不同的异常观测，缺失值是数据集中缺失的值。噪声和异常值可能会对模型的性能产生负面影响，因此需要进行处理。缺失值可以通过填充、插值或删除来处理。通过数据清洗剔除这些不利因素，有助于确保模型在训练和推理时获得准确和可靠的结果。

（2）数据归一化

数据归一化旨在将不同特征的数据映射到共同的尺度范围内，以保证模型的稳定性和一致性。常见的方法包括最小-最大归一化和 Z-score 归一化。最小-最大归一化将数据映射到特定范围内，而 Z-score 归一化通过减去均值并除以标准差来将数据标准化。归一化可以提高模型的收敛速度，并且有助于避免某些特征对模型训练的主导影响。

（3）特征选择

特征选择可以帮助减少输入数据中不具有显著影响的特征，从而提升模型的预测性能。特征选择可以通过评估特征的相关性、重要性，或使用特征选择算法来减少特征维度，以提高模型的效率和泛化能力。

（4）数据转换

数据转换是为了满足模型的要求或假设，对原始数据进行必要的处理和调整。对于图像数据，可以进行增强操作（如旋转、裁剪和翻转）以增加数据的多样性。对于文本数据，可以进行分词、词干提取和词向量编码，将文本信息转化为可供模型理解的数值表示。

（5）数据平衡

数据平衡是针对数据集中类别不均衡的情况，采取欠采样、过采样或合成样本等方法，以改善模型的训练效果。为了避免模型对多数类别过度偏向，欠采样减少多数类别的样本，过采样增加少数类别的样本，合成样本则生成新的合成数据以平衡分布。通过平衡数据集，模型能够更好地学习少数类别的特征，提高分类准确性。

（6）数据编码

数据编码将非数值型特征转换为数值型数据，以便模型处理。例如，可采用独热编码将分类变量转化为二进制表示。

（7）数据分割

数据分割通常将数据划分为训练集、验证集和测试集，以支持模型的训练、调优和评估。在划分过程中，需确保数据的随机性和代表性，以避免引入偏见。

这些是常见的 AI 芯片数据预处理方法，具体的方法选择和实施取决于数据的类型、任务的要求以及具体的场景。

▶▶ 1.3.3 模型训练与模型的轻量化

（1）模型训练

模型训练是指使用标记好的数据来训练机器学习模型，使其能够从数据中学习到特征和规律，以便能够对新的输入数据进行预测或分类。在深度学习中，常用的模型训练算法是梯度下降法及其变种。

以下是一般的模型训练流程。

1）数据准备：收集、整理和标记训练数据，确保数据具有代表性，能够涵盖模型在实际应用中可能遇到的各种场景和情况。

2）模型选择：根据问题的性质选择合适的模型结构和算法。在深度学习领域，常见的模型包括卷积神经网络（CNN）、循环神经网络（RNN）以及变换器（Transformer）等。

3）模型初始化：对模型的参数进行初始化，通常采用随机初始化的方法。

4）前向传播：将训练数据输入模型，通过计算得到模型的预测输出。

5）计算损失：将模型的预测输出与真实标签进行比较，计算损失函数的值，从而度量模型预测与实际标签之间的差异。

6）反向传播：根据损失函数值，使用反向传播算法计算模型参数的梯度。

7）参数更新：利用优化算法（如梯度下降法）根据参数梯度对模型参数进行更新。

8）重复步骤4）~7），直到达到停止条件（如达到一定的训练轮数或损失函数收敛）。

（2）模型轻量化

模型轻量化是指减小模型的大小和计算量，以便能够在计算资源受限的设备上进行部署和推断。在某些情况下，原始的深度学习模型可能过于复杂，无法直接在嵌入式设备、移动设备或边缘设备上运行。模型轻量化的方法主要包括以下几种。

1）参数剪枝（Pruning）：利用敏感度分析、稀疏正则化等技术，剔除模型中不重要的权重或连接，以减少参数数量。剪枝后的模型具有更少的参数，从而降低内存占用和计算负担。

2）量化（Quantization）：将模型的权重和激活值从浮点数转换为较低位数的整数或定点数，以降低模型存储和计算需求，同时会在一定程度上降低模型精度。

3）分解（Decomposition）：将模型中的大型矩阵分解为多个小矩阵，以减少模型参数量和计算复杂度。例如，使用低秩分解方法，如奇异值分解（SVD）或矩阵分解（Matrix Factorization），可以有效地分解卷积核或全连接层，实现参数量的减少。

4）知识蒸馏（Knowledge Distillation）：通过使用一个大型教师模型来训练一个轻量级的学生模型，学生模型通过学习教师模型的输出概率分布，提取教师模型的知识，从而降低模型复杂度。

5）网络结构设计：通过重新设计模型的架构以减少参数量和计算量。可以考虑采用轻量级网络结构，如 MobileNet、ShuffleNet 等，也可以使用深度可分离卷积等模块来减少参数数量。

6）压缩算法：使用压缩算法来减小模型的存储空间。例如，使用哈夫曼编码、LZ 压缩等算法可以减小模型文件的大小。

以上这些方法可以单独或组合使用，根据具体的应用场景和需求选择合适的方法来轻量化模型。注意，模型轻量化可能会导致一定的精度损失，需要在轻量化和精度之间进行权衡。

▶▶ 1.3.4 框架选择与模型推理

在进行模型推理之前，需要选择一个适合应用需求的框架。下面是一些常见的深度学习框架。

（1）TensorFlow

TensorFlow 是一个广泛使用的框架，具有强大的生态系统和丰富的工具支持。它支持静态图和动态图模型定义，并且适用于各种应用场景。TensorFlow 提供多种高级 API（如 Keras）用于快速构建和训练神经网络模型。此外，TensorFlow 还支持分布式训练和部署，使其成为许多大规模深度学习项目的首选框架。

（2）PyTorch

PyTorch 是另一个流行的框架，提供一种动态图的方式来定义模型。它在研究领域非常受欢迎，并且有许多用于计算机视觉和自然语言处理的扩展库。与静态图相比，动态图更加灵活，使得模型的构建和调试更加直观。PyTorch 具有易于使用的特点和优雅的 API 设计。此外，PyTorch 还具有动态计算图和自动求导的能力，使其成为学术界和许多研究者的首选。

（3）Keras

Keras 是一个高级神经网络 API，支持在 TensorFlow、PyTorch 等后端上运行。它提供简单易用的接口，适用于快速原型设计和实验。

（4）Caffe

Caffe 是一个面向卷积神经网络的框架，具有速度快、内存效率高的特点。它在计算机视觉领域得到广泛应用，特别适用于图像分类和目标检测任务。它采用 C++ 编写，以清晰简洁的模型定义文件，使得模型的构建和训练过程变得高效。

（5）MXNet

MXNet 是一个高度可扩展的深度学习框架，支持动态图和静态图的模型定义。MXNet 的独特之处在于其低内存消耗和高性能，适用于大规模模型训练和部署。MXNet 提供多种编程语言的接口，如 Python、Scala 和 Julia，以满足不同用户的需求。

（6）ONNX

ONNX 是一个开放的神经网络交换格式，允许在不同的框架之间共享模型。可以将模型从一个框架导出为 ONNX 格式，然后在另一个框架中导入和运行。ONNX 支持多种主流框架，如 TensorFlow、PyTorch、Caffe 等，使得模型的迁移变得更加方便。

选择框架时，需要考虑以下因素。

- 应用需求：不同的框架在不同的应用场景中可能具有不同的优势，例如计算机视觉、自然语言处理等；
- 社区支持：选择一个有活跃社区支持和丰富资源的框架可以更好地解决问题和获得帮助；
- 开发和调试工具：考虑框架提供的开发和调试工具，例如可视化界面、模型调试功能等；
- 部署和性能要求：考虑框架在模型部署和推理性能方面的优势，特别是在移动设备或嵌入式系统中的部署情况。

一旦选择框架并定义了模型，开发者可以使用相应框架的推理 API 来进行模型推理。具体步骤会因框架而异，但通常涉及加载模型、预处理输入数据、运行推理、后处理输出以及结果使用和展示这几个步骤。

1）加载模型：根据选定的框架和模型格式，利用适当的 API 加载预训练模型。这通常需要指定模型路径或下载权重文件。

2）预处理输入数据：根据模型和应用需求，对输入数据进行预处理。这可能包括图像的缩放、剪裁和归一化，文本的分词和编码，以及其他必要的数据转换操作。

3）运行推理：将预处理后的输入数据输入到模型中，调用推理 API 进行模型推理。根据框架的不同，推理 API 的调用方式可能会有所不同，但通常涉及将输入数据传递给模型并获取输出。

4）后处理输出：根据模型输出的格式和应用需求，对输出进行后处理。这可能包括对分类结果解码、回归结果调整、文本生成结果整理等操作。

5）结果使用和展示：将模型推理的结果用于应用需求，例如在图像上标记对象、生成文本摘要、进行决策等。根据具体应用，可能需要将结果可视化、保存或进一步集成到其他系统中。

▶▶ 1.3.5　芯片环境配置与模型部署

芯片环境配置和模型部署是将机器学习模型部署到专用硬件芯片上的关键步骤。主要步骤如下。

1）硬件选择：根据应用需求选择适合的硬件芯片。可以选择专用的 AI 芯片（如 GPU、TPU）或者具有特定加速功能的 FPGA 等。

2）软件框架选择：根据芯片类型选择合适的软件框架。例如，对于 GPU，可以选择 CUDA 作为编程和运行模型的平台；对于 TPU，可以使用 Google 的 TensorFlow 框架。

3）环境配置：根据芯片和框架的要求，安装和配置所需的软件和驱动程序。确保计算机上安装了正确版本的驱动程序、库和依赖项，以确保后续步骤的顺利进行。

4）模型转换和优化：将机器学习模型转换为芯片可识别和可执行的格式。这通常涉及将模型参数转换为芯片支持的格式并进行优化，以提升性能和效率。

5）模型部署：将优化后的模型加载到芯片上进行部署。可以通过编写相应的代码并调用 API 来完成这一过程。

6）性能调优：优化部署在芯片上的模型性能。这涉及调整超参数、优化模型推理代码，以及使用批量处理等技术手段。

7）测试和验证：对部署在芯片上的模型进行全面的测试和验证，确保模型在实际应用中的稳定性和可靠性。这一关键步骤有助于发现潜在的问题并进行调整，以确保模型在预期输入数据上产生准确的输出。

需要注意的是，具体的配置和部署步骤可能会因芯片类型、框架选择以及应用需求的不同而有所变化。在实际操作中，需要参考相关的文档、指南和示例代码来完成芯片环境配置和模型部署的任务。

1.4 AI 芯片常用功能加速模块

▶▶ 1.4.1 功能加速模块概述

功能加速模块是在硬件级别对特定任务或操作进行优化的组件，旨在提高处理速度、降低能耗和增强性能。这些模块通常与通用计算单元（如 CPU）结合使用，以加速特定领域的计算需求。以下是功能加速模块的主要作用。

（1）简化计算（Simplifying Compute）

在某些任务中存在重复的计算模式，功能加速模块可以简化计算过程。例如，矩阵乘法加速器和卷积加速器能够高效地执行大规模矩阵运算，从而减少计算时间和资源消耗。

（2）并行计算（Parallel Computing）

功能加速模块可以利用并行计算的优势，同时处理多个数据或任务。例如，图形处理单元（GPU）具有大量的处理核心，可以同时执行多个计算操作，从而加快处理速度。

（3）特定领域加速（Domain-Specific Acceleration）

功能加速模块可以针对特定领域的应用需求进行设计。例如深度学习任务的张量处理单元

（TPU），通过专门优化的硬件结构和指令集，实现高效的张量计算和神经网络推理。

（4）存储和缓存优化（Storage and Cache Optimization）

功能加速模块可以优化存储和缓存访问，提高数据的读取和存储效率。通过采用高带宽、低延迟的存储和缓存加速器，可以减少数据传输时间，提高计算性能。

（5）数据流处理（Stream Processing）

在某些应用中需要高效地处理数据流，功能加速模块可以提供专门的硬件加速，以实时处理数据流。例如，视频编解码器和信号处理器可以对连续的数据流进行快速处理。

（6）异构计算（Heterogeneous Computing）

通过组合不同类型的处理器和加速器，实现异构计算，可以根据任务需求分配合适的计算资源。例如，将 CPU、GPU 和 FPGA 等组合在一起，充分利用各种计算单元的优势，提升计算性能。

功能加速模块的设计和优化依赖于特定的应用场景和任务需求。通过利用硬件级别的优化，功能加速模块可以提供高效、快速的计算能力，满足现代计算密集型应用的需求。

▶▶ 1.4.2　视觉处理加速器——VPAC

视觉处理加速器（Visual Processing Accelerator，VPAC）是专为加速图像和视频处理任务而设计的硬件加速器，主要应用于嵌入式系统、智能摄像头、机器人、自动驾驶等实时图像处理领域。

VPAC 可通过并行计算和专用硬件加速，提供高效的图像处理能力，能够快速处理大量图像和视频数据。其高性能的图像处理单元（IPU）和专用的硬件加速器支持多种常见图像处理算法，如图像增强、边缘检测、目标识别和跟踪等。通过 VPAC，图像和视频处理任务可以在短时间内实现实时性能，同时降低处理时间和功耗。此外，VPAC 还能够实时处理传感器产生的图像数据，适用于高分辨率和高帧率的实时图像处理需求，满足各种实时应用场景。VPAC 的设计针对特定的图像和视频处理任务，可以根据应用需求进行优化。一些 VPAC 提供灵活的编程接口和软件开发工具，使开发人员能够自定义和优化图像处理算法，以满足不同应用场景的需求。

▶▶ 1.4.3　深度和运动感知加速器——DMPAC

深度和运动感知加速器（Depth and Motion Perception Accelerator，DMPAC）是专为在深度感知和运动感知领域提供高性能处理能力而设计的硬件加速器。它主要应用于机器人、虚拟现实（VR）、增强现实（AR）以及自动驾驶等领域。

DMPAC 的核心功能是处理传感器（如摄像头、激光雷达等）捕获的深度信息和运动信息。深度信息用于识别场景中物体的距离和形状，而运动信息则用于检测物体的运动轨迹和速度。通过将深度感知和运动感知相结合，DMPAC 能够提供更精确的场景理解和感知能力，为各种应用提供更高级的功能和交互体验。DMPAC 采用专用的硬件设计，包括高速处理单元、专门的神经网络加速器和优化的存储结构，这些硬件组件能够高效地执行深度感知和运动感知算法，实现实时的数据处理和分析。在机器人领域，DMPAC 有助于实现环境感知和导航，提升机器人对周围物体和障碍的理解，并做出相应决策。在虚拟现实和增强现实领域，DMPAC 能够实现更逼真的场景渲染和物体交互，增强用户的沉浸和交互体验。在自动驾驶领域，DM-PAC 能够处理车辆周围传感器的数据，实现车辆、行人、道路等的感知和识别，进而实现智能驾驶功能。

▶▶ 1.4.4　深度学习加速器——DLA

深度学习加速器（Deep Learning Accelerator，DLA）是专为深度学习任务而设计和优化的硬件加速器。其目标在于提升深度神经网络的计算性能和能效，通过并行处理和专用硬件架构，加速深度学习算法的执行。

DLA 采用定制化的硬件架构，以满足深度学习任务的特殊需求。这些加速器内置大量计算单元（如乘法器和加法器），用于高效地执行矩阵乘法和卷积等深度学习操作。此外，DLA 还配备高速存储器和数据传输通道，支持大规模数据处理。其设计目标是在较短时间内完成深度学习模型的训练和推理任务。通过将计算密集型任务委托给 DLA，CPU 或 GPU 可以将更多计算资源用于其他任务，提高整体系统效率。DLA 在计算机视觉、自然语言处理、语音识别等领域都得到广泛应用，适用于嵌入式系统、云服务器和数据中心等不同硬件平台。一些知名的深度学习加速器包括 NVIDIA 的 Tensor Core、Google 的 TPU、Intel 的 Nervana NNP（Nervana Neural Network Processor）以及 Cerebras Systems 的 Wafer Scale Engine 等。通过硬件优化和专用设计，这些加速器显著提升了深度学习任务的性能和效率。

▶▶ 1.4.5　视觉加速器——PVA

视觉加速器（Vision Processing Unit，VPU）是专为处理视觉相关任务而设计的硬件加速器。其中，PVA（Pixel Visual Core）是 Google 在其 Pixel 手机上采用的一种视觉加速器。

作为 Google 自主研发的芯片，PVA 旨在提供出色的图像和视觉处理能力。其主要应用于移动设备中的计算机视觉任务，如图像处理、图像识别、人脸识别和目标检测等。PVA 的设计目标在于通过定制化的硬件加速，提升图像处理速度和效率，实现移动设备上实时视觉算法的执行。其高度并行的架构和专用硬件单元使得 PVA 能够高效地执行图像处理任务，支持多个像素的同时处理，并兼容多种常见的图像处理算法和深度学习模型。通常情况下，PVA 与手机的图像信号处理器（ISP）紧密集成，以提供全面的图像处理和计算机视觉功能。在 Pixel 手机上，PVA 的应用范围涵盖了 Google 相机应用中的图像增强功能，例如 HDR+（高动态范围图像）和超级分辨率图像处理等。它可以加速这些复杂图像算法的执行，使用户能够快速地在手机上拍摄和处理高质量的照片。

1.5 本章小结

本章全面阐述了 AI 芯片的要点。首先，对 AI 芯片进行了分类，包括 MPU、GPU 和 FPGA 等不同类型，以展现其技术架构及应用范围的多样性。其次，详细探讨 AI 芯片开发的通用流程，着重考虑开发平台的选择、数据预处理、模型训练和框架选择等关键步骤，以确保开发过程有效进行。最后，重点介绍 AI 芯片中常用的功能加速模块，如 VPAC、DMPAC、DL 和 PVA 等，这些模块通过优化关键功能，如神经网络计算和数据处理，提升芯片的计算效率和性能。综合而言，该章为读者提供了深入理解和应用 AI 芯片的专业指南。

1.6 本章习题

1. 解释 MPU、GPU 和 FPGA 这三种不同类型的 AI 芯片，并比较它们在性能、功耗和应用场景上的优缺点。

2. 说明在 AI 芯片开发过程中，为什么选择合适的开发平台是至关重要的。列举几种常见的 AI 芯片开发平台，并分析它们各自的特点和应用场景。

3. AI 芯片开发的通用流程包括哪些关键步骤？请详细描述每个步骤的作用和必要性。

4. 数据预处理在 AI 芯片开发中扮演着怎样的角色？列举几种常见的数据预处理方法，并说明它们的原理和应用场景。

5. 模型训练在 AI 芯片开发中的重要性是什么？解释为什么选择合适的模型训练方法对芯片性能至关重要。

6. 为什么框架选择是 AI 芯片开发中的一个关键决策？请比较几种常见的深度学习框架，并说明它们各自的优缺点。

7. VPAC、DMPAC、DL 和 PVA 等功能加速模块是如何提高 AI 芯片的性能和效率的？请分析它们的工作原理和应用场景。

8. FPGA 在 AI 芯片中的应用越来越广泛，为什么？列举几个基于 FPGA 的 AI 芯片产品，并分析它们的优势和劣势。

9. 解释 AI 芯片中常用的神经网络加速模块是如何工作的，并说明其在加速卷积神经网络（CNN）等模型训练和推理过程中的作用。

10. 分析 AI 芯片中常用的数据处理加速模块的工作原理和优势，比较它们在处理大规模数据时的性能表现。

11. 如何选择适合的 AI 芯片开发平台来满足特定的应用需求？提出一种方法来评估和选择合适的开发平台。

12. 讨论 AI 芯片开发中可能遇到的挑战和难点，以及应对这些挑战的策略和方法。

13. 分析 AI 芯片市场的发展趋势和未来前景，预测未来几年 AI 芯片技术和应用的发展方向。

14. 讨论 AI 芯片在边缘计算、智能物联网和自动驾驶等领域的应用案例，评估其在实际应用中的性能和效果。

15. 提出一种新的 AI 芯片设计理念或技术创新，并说明其在提高芯片性能和功能方面的潜在优势。

AI 芯片开发平台

本章主要探讨 AI 芯片开发平台的关键内容。首先，介绍 AI 芯片硬件平台的分类，包括同构 AI 芯片硬件平台和异构 AI 芯片硬件平台。其次，详细介绍 AI 芯片开发平台常用的外设，包括网络设备、显示模块和摄像头模块、模数转换器模块 ADC、通用输入/输出模块 GPIO 以及 IIC 控制器等。这些外设在 AI 芯片的开发过程中起着重要作用，可以实现与外设的连接和数据交换，为 AI 应用提供更广泛的功能和应用场景。

2.1 AI 芯片硬件平台的分类

▶▶ 2.1.1 同构 AI 芯片硬件平台

同构 AI 芯片是一种集成了大量相似结构和功能处理单元的集成电路，能够显著提升处理大规模、高并发的人工智能任务时的计算效率和吞吐能力。这种芯片架构通常采用多核心或多处理器的架构，每个核心都配备有独立的算术逻辑单元（Arithmetic Logic Unit，ALU）和高速存储器单元（High-Speed Memory Unit），使其能够同时执行多个任务，从而实现高度的并行处理。

同构 AI 芯片的优点在于计算能力强、计算效率高，能够实现高速数据交换和快速处理。同时，同构 AI 芯片的设计也更为简单，开发人员可以更快地开发和优化软件，从而提升整个系统的性能。

当前，市面上已经有多种同构 AI 芯片产品，例如 NVIDIA 的 Tesla V100、AMD 的 Radeon Instinct MI50/60、Habana 的 Gaudi、Intel 的 Xeon Phi 等。这些芯片在不同领域均有广泛应用，例如深度学习、自然语言处理、计算机视觉等。表 2-1 列举了一些常见的同构 AI 芯片硬件平台及其主要参数和特点的对比。

表 2-1　常见的同构 AI 芯片硬件平台及其主要参数和特点对比

硬 件 平 台	制造商	芯片架构	计算能力（TOPS）	峰值功耗（W）	适 用 领 域
Google TPU	谷歌	ASIC	92	250	适用于谷歌的各项服务，如搜索、语音识别、图像处理等。此外，研究人员和开发者也可以在谷歌云上租用 TPU 实例，以加速机器学习工作负载
NVIDIA Tesla V100	NVIDIA	GPU	7 800	300	适用于深度学习、高性能计算、人工智能研究、药物研发、金融分析、能源探索、自动驾驶技术等领域
Intel Movidius Neural Compute Stick 2	英特尔	VPU	4	1	适用于多种边缘计算应用，包括嵌入式系统、物联网设备、智能相机、无人机等。它可以用于图像识别、目标检测、姿态估计等各种计算密集型的人工智能任务
Cambricon MLU100	寒武纪	ASIC	100	350	适用于多种应用场景，包括图像识别、视频分析、自然语言处理、智能驾驶等。它可以在数据中心、云计算环境和边缘设备上提供高效的人工智能推理能力
Qualcomm AI Engine	高通	DSP	15	1	适用于在移动设备、嵌入式系统和边缘设备上进行高效人工智能任务的处理，如移动应用、自动驾驶技术、物联网设备、嵌入式系统
Apple A14 Bionic	苹果	SoC	11	6	主要适用于苹果的移动设备、嵌入式 AI、摄像和视频、游戏、人工智能应用
Huawei Ascend 910	华为	ASIC	256	310	适用于人工智能研究、高性能计算、图像识别、自然语言处理、语音识别、医疗影像分析等领域。它可以在数据中心和云计算环境中加速各种深度学习和机器学习任务

这些硬件平台主要根据所需的计算能力、功耗、适用领域等因素选择。例如，Google TPU 和 Cambricon MLU100 都是基于 ASIC 架构的芯片，计算能力和功耗都比较高，适用于云计算等大规模应用场景；而 Intel Movidius Neural Compute Stick 2 则是一款功耗较低的 VPU，适用于嵌入式 AI 等轻量级场景。

▶▶2.1.2　异构 AI 芯片硬件平台

异构 AI 芯片硬件平台通常由多个处理器核心和加速器组成，每个核心和加速器具有不同的特点和优势，可以协同工作以实现高效的 AI 计算。以下是几个异构 AI 芯片硬件平台的介绍。

（1）NVIDIA Jetson 系列

NVIDIA Jetson 系列是一系列针对嵌入式系统和边缘计算设计的 AI 计算平台，由 CPU、GPU、深度学习加速器等组件构成。Jetson 平台上的 GPU 可以执行 CUDA 代码，而深度学习加速器则可以在低功耗和低延迟下执行神经网络计算。Jetson 平台可以用于图像处理、自动驾驶、机器人和工业自动化、智能视频分析等领域。

（2）Qualcomm Snapdragon 系列

Qualcomm Snapdragon 系列是高性能移动设备的处理器，集成了 CPU、GPU、DSP、ISP 等处理器和硬件加速器。Snapdragon 平台上的 DSP 可以执行神经网络计算，并具有低功耗和低延迟的特点。Snapdragon 平台可以用于智能手机、平板电脑、智能音箱等设备。

（3）Apple A 系列

Apple A 系列是苹果公司用于其移动设备的处理器，集成了 CPU、GPU、ISP 等处理器和硬件加速器。A 系列芯片使用专门的神经引擎来加速机器学习计算，能够实现高效的图像和语音识别。A 系列芯片广泛应用于 iPhone、iPad 和 Apple Watch 等设备上。

（4）Google TPU

Google TPU 是谷歌开发的用于加速机器学习的 ASIC 芯片，采用 16nm 工艺制造，每个芯片拥有 256 个核心，它具有高效的矩阵乘法硬件，专为深度学习推理任务优化。TPU 可以集成到各种设备（如摄像头、传感器和嵌入式系统）中，用于实时的 AI 推理，可以在低功耗和低延迟下执行大规模的神经网络计算。TPU 广泛应用于谷歌的搜索、翻译、语音识别等服务中。

（5）Cambricon MLU

Cambricon MLU 是面向 AI 计算的异构处理器，集成了 CPU、多个 AI 加速器和神经网络处理器。MLU 系列芯片可以在低功耗和低延迟下实现高效的深度学习计算，支持多种深度学习框架和模型，广泛应用于自动驾驶、智能视频监控、智能语音识别等领域。

（6）TI 系列

TI 是一家全球领先的半导体和集成电路制造公司，其产品涵盖了多个领域，包括嵌入式处理器、模拟器件、数字信号处理器（DSP）、模拟混合信号、功率管理等。TI 的产品在工业、通信、汽车、消费电子等众多领域都有广泛应用。TI 的系列产品主要是基于 TIDL（Texas Instruments Deep Learning）软件库和 EVE（Embedded Vision Engine）加速器构建的。其中，TIDL 软件库是 TI 为其处理器（包括 C66x 和 C7x）提供的深度学习推理库，支持多种深度学习框架，如 TensorFlow、Caffe 和 ONNX 等。而 EVE 是一种高性能、低功耗的嵌入式视觉引擎，专门用于处理图像、视频和视觉数据，具有较高的并行性和计算能力，能够高效地执行视觉处理和计算机视觉任务。表 2-2 列举了一些常见的异构 AI 芯片硬件平台及其主要参数和特点对比。

表 2-2　常见的异构 AI 芯片硬件平台及其主要参数和特点对比

硬 件 平 台	NVIDIA Jetson Nano	Qualcomm Snapdragon 888	Apple A14 Bionic	Google TPU v3	Cambricon MLU270	TI AM57x
制造商	NVIDIA	高通	苹果	谷歌	寒武纪	德州仪器
CPU	ARM Cortex-A57	Kryo 680	ARM Cortex-A77	Custom	ARM Cortex-A53	Dual-Core ARM Cortex-A15
GPU	Maxwell	Adreno 660	Apple-designed 4-Core GPU	None	24-Core Mali-T628	Dual-Core C66x DSP，Dual-Core ARM Cortex-R5
AI 加速器	NVIDIA Maxwell	Qualcomm Hexagon 780	Apple-designed 16-Core Neural Engine	Google TPU	Cambricon NPU	TI C66x DSP，TI EVE
原始计算能力（TOPS）	1.33	26	11	420	16	32
RAM（GB）	4	16	4	None	8	2
存储（GB）	128	512	256	None	16	32
支持的操作系统	Linux	Android，Linux	iOS，iPadOS	TensorFlow Lite，PyTorch	Linux	Linux
支持的编程语言	C++，Python	C++，Java，Python	Swift，Objective-C，C++	TensorFlow，Python，C++	C++	C，C++，OpenCL
主要应用领域	嵌入式 AI、自动驾驶、智能机器人	移动设备、智能手机、平板电脑	移动设备、智能手机、平板电脑	云端 AI 服务、深度学习应用	自动驾驶、智能视频监控	嵌入式系统、工业自动化、通信
特点和优势	高性能 GPU 和 AI 加速器、丰富的开发工具	强大的 AI 性能、多种处理单元、支持 5G	强大的 AI 性能、自研神经引擎	高效 AI 计算、大规模深度学习	高效 AI 计算、专用 NPU	多核处理、DSP 和加速器的组合

2.2　AI 芯片开发平台的常用外设

▶▶ 2.2.1　网络设备

在芯片的设计和应用需求方面，选择使用哪些外设将会起到决定性的作用。通过灵活配置和使用这些外设，芯片开发者能够为他们的产品实现更高级的功能，从而满足不断变化的市场需求。以下是芯片常用网络设备的介绍。

（1）以太网控制器（Ethernet Controller）

以太网控制器是一种关键的硬件组件，用于支持以太网连接，包括有线和无线以太网。它可以提供网络通信功能，支持传输数据包、协议堆栈处理等。以太网控制器通常以集成电路芯片的形式存在，在计算机体系结构中扮演着关键角色。它负责管理和控制物理层与数据链路层之间的通信，包括对有线和无线以太网的支持。以太网控制器不仅是数据传输的引擎，更是网络连接的核心组成部分。这一硬件组件的功能并不局限于简单地启用设备与网络之间的连接，还担负着数据包的传输和接收任务，同时还参与处理协议堆栈，确保数据以正确的方式封装、解封装和路由。

（2）Wi-Fi 模块

Wi-Fi 模块作为一种重要的外设，专门用于支持无线网络连接，可以实现无线局域网（WLAN）的多项功能。Wi-Fi 模块通常由多个组件组成，其中包括无线电调制解调器、天线和相应的驱动软件。这一组件集合支持设备进行无线数据传输和接收，使其能够与其他设备进行高效通信。这种模块的灵活性和便捷性使其能够轻松地连接无线路由器或其他支持 Wi-Fi 的设备，通过 Wi-Fi 协议进行数据传输。

（3）蓝牙模块

蓝牙模块是一种十分重要的外设，用于支持蓝牙无线通信，使设备能够实现与其他蓝牙设备之间的数据传输和通信。蓝牙模块具有低功耗、短距离传输等特点，适用于连接手机、耳机、音箱、传感器等各种蓝牙设备。蓝牙技术在许多领域都发挥着关键作用，例如，可以通过蓝牙模块将智能手机与车辆系统连接，以进行安全的无线通话；还可以使用蓝牙耳机随时享受音乐或接听电话；在智能家居中，蓝牙模块还可以帮助各种设备（如智能灯泡、温度传感器等）相互通信，实现更智能化的生活。

（4）以太网交换机（Ethernet Switch）

以太网交换机是一种关键的网络设备，用于实现以太网的交换功能，可以连接多个以太网设备，提供数据包交换和转发功能，实现网络通信和数据传输。以太网交换机根据 MAC 地址（Media Access Control Address）来精确决定数据包应该被传送到网络中的哪个设备。这种精确性和智能性是以太网交换机与普通的网络集线器（Hub）不同的地方。在传统的集线器中，数据包被广播到所有连接的设备上，而在交换机中，数据包仅仅被发送到它应该到达的目标设备上，从而减轻了网络流量，提高网络性能。以太网交换机通常在局域网（LAN）环境中使用，能够快速地处理大量的本地数据流量。

（5）无线局域网（WLAN）天线

无线局域网天线在无线通信系统中扮演了至关重要的角色，是无线网络的关键组件之一，专门用于接收和发送无线信号，实现设备（如无线路由器、智能手机、笔记本电脑等）与无线网络之间的物理连接。当设备需要通过 WLAN 进行数据传输时，无线局域网天线将其数据转换为无线信号并传输，然后接收远程设备发送的信号并将其解码，以确保无线通信的可靠性和稳定性。无线局域网天线有各种不同的类型和形状，包括定向天线、全向天线、平面天线等，

每种类型的天线都有其自身的用途和优势。

（6）网络接口控制器（Network Interface Controller）

网络接口控制器是一种关键的外设，用于支持网络连接——包括有线和无线连接，提供物理层接口和数据传输功能。这种控制器一般集成在硬件芯片中，承担了将数据从芯片传输到网络或从网络接收数据的任务。网络接口控制器通过各种传输协议（如以太网、Wi-Fi 等），使设备能够通过广域网或局域网进行数据的发送和接收。对于有线连接，网络接口控制器通常通过以太网端口与局域网连接；而在无线连接中，它则借助天线和调制解调器，实现无线数据的传输和接收。现代网络接口控制器不仅提供了物理层接口，还集成了数据链路层和网络层的功能，支持数据包的处理、协议的解析和路由的选择。

（7）光纤收发器（Transceiver）

光纤收发器是一种专为光纤通信而设计的外设，用于光纤通信，主要任务是将光信号转换为电信号或将电信号转换为光信号，实现高速数据传输。这种设备通常应用于对通信距离和带宽要求较高的场景，如数据中心互联、光纤通信网络等。它允许通过光纤传输信息，克服了电缆传输的限制，因此在长距离传输中具有显著的优势。在数据中心等环境中，光纤收发器是确保高速、稳定、可靠数据传输的核心组件之一。其高带宽和低损耗的特性使其在大规模数据传输和高速网络连接中表现出色。

（8）电源管理模块（Power Management Module）

电源管理模块是一种专为网络设备的供电和功耗管理而设计的外设。其主要职能是提供多种电源管理功能，确保网络设备的正常运行，包括电源调整、节能模式等。这个模块在现代高度数字化和互联的环境中变得尤为关键。它能够监测和控制设备的电源状态，包括电压、电流和功耗等。电源管理模块不仅能够提供对设备供电的稳定性和可靠性保障，还可以通过动态调整电源的输出来适应不同的工作负荷，从而降低功耗，减少能源消耗，实现最佳的电源使用效率。此外，电源管理模块的节能模式可以在设备闲置或低负荷状态下自动降低功耗，从而延长电池的使用寿命，减少能源浪费。

这些网络设备通常用于芯片开发平台，可以为芯片提供网络连接和通信功能，实现数据传输、远程控制、互联网连接等网络应用。具体使用哪些外设取决于芯片设计和应用需求。

▶▶ 2.2.2 显示模块和摄像头模块

1. 显示模块

显示模块主要包括以下常用组成部分。

（1）显示屏

显示模块通常包括一个显示屏，可以是液晶显示器（LCD）、有机发光二极管（OLED）或其他显示技术。显示屏用于显示图像、文字和图形。每种显示屏技术都有其特定的工作原理和特点，如分辨率、色彩表现、能耗等。

（2）显示控制器

显示控制器是用于控制和驱动显示屏的电路。它负责接收图像数据，并将其转换为显示屏可理解的信号格式，以正确显示图像。显示控制器还可以进行显示参数（如亮度、对比度等）的调整。

（3）触摸屏

某些显示模块还可以集成触摸屏功能，用于实现触摸输入。触摸屏可以检测用户的触摸操作，并将其转换为相应的输入信号。

（4）显示接口

显示模块通常通过某种显示接口与芯片进行连接，如 HDMI（High-Definition Multimedia Interface）、DisplayPort、LVDS（Low-Voltage Differential Signaling）等。显示接口传输图像和音频信号，确保显示模块与芯片的正常通信。这种连接方式有助于实现图像和声音的传输和同步，从而提供全面的视听体验。

（5）OLED

OLED 即有机发光二极管（Organic Light-Emitting Diode），又称为有机电激光显示（Organic Electroluminesence Display）。OLED 同时具备自发光、不需背光源、对比度高、厚度薄、视角广、反应速度快、可用于挠曲性面板、使用温度范围广、构造及制程较简单等优异特性。

OLED 显示技术具有自发光的特性，采用非常薄的有机材料涂层和玻璃基板，当有电流通过时，这些有机材料就会发光，而且 OLED 显示屏幕可视角度大，并且能够节省电能。

LCD 都需要背光，而 OLED 不需要，因为它具有自发光的特性。这样同样的显示，OLED 通常表现更出色。但以目前的技术，OLED 的尺寸还难以大型化，但是分辨率却可以达到很高。

2. 摄像头模块

摄像头模块主要包括以下常用组成部分。

（1）图像传感器

图像传感器是摄像头模块中最重要的组件，负责将光信号转换为电信号。图像传感器可以是 CMOS（Complementary Metal-Oxide-Semiconductor）或 CCD（Charge-Coupled Device），用于捕捉图像数据。CMOS 质量轻，对电源电压要求低，功耗较低；CCD 成像质量高，动态响应比较好，但制造工艺复杂。

（2）图像处理器

图像处理器用于对从图像传感器获取的原始图像数据进行处理和优化。它可以进行白平衡、色彩校正、降噪等图像处理操作，以提供高质量的图像输出。

（3）接口电路

摄像头模块通常通过某种接口与芯片进行连接，如 MIPI（Mobile Industry Processor Interface）、CSI（Camera Serial Interface）等。接口电路负责将图像数据传输到芯片，以供后续处理和应用。

3. OV7670 摄像头模块

OV7670 是 OV（OmniVision）公司生产的 CMOS VGA 图像传感器。该传感器体积小、工作电压低，提供单片 VGA 摄像头和影像处理器的所有功能，本书实践环节采用的即为此型号摄像头模块。

OV7670 通过 SCCB 总线控制，可以输出整帧、子采样、窗口等方式的各种分辨率为 8bit 的影像数据。该产品 VGA 图像最高达到 30 帧/秒。用户可以完全控制图像质量、数据格式和传输方式。所有图像处理功能过程（包括伽玛曲线、白平衡、饱和度、色度等）都可以通过 SCCB 接口编程。

OV7670 通过减少或消除光学或电子缺陷（如固定图案噪声、托尾、浮散等），提高图像质量，得到清晰稳定的彩色图像。

OV7670 摄像头模块具有以下特点。

- 高灵敏度、低电压，适合嵌入式应用。
- 标准的 SCCB 接口，兼容 IIC 接口。
- 支持 RawRGB、RGB、YUV 和 YCbCr 色彩格式。
- 支持 VGA、QVGA、CIF 等视频传输标准。
- 支持自动曝光控制、自动增益控制、自动白平衡、自动消除灯光条纹、自动黑电平校准等自动控制功能，同时支持色饱和度、色相、伽马、锐度等设置。
- 支持闪光灯。
- 支持图像缩放。

▶▶ 2.2.3 模数转换器模块 ADC

1. ADC 的基本概念

模数转换器（Analog To Digital Converter）简称 ADC（也可以写成 A/D 转换器），是指将连续变化的模拟信号转换为离散的数字信号的器件。ADC 分为积分型、逐次逼近型、并行/串行比较型、Σ-Δ 型等多种类型。本书采用的 STM32F103 自带的 ADC 属于逐次逼近型。

逐次逼近型 ADC 的工作原理与天平称重非常相似。天平称重的方法是从高位到低位逐位比较。首先从最大的砝码开始试放，与被称物体进行比较，若物体重于砝码，则该砝码保留，否则移去，然后用次大的砝码继续比较，照此一直到最小的一个砝码为止，将所有留下的砝码重量相加，就得此物体的重量。逐次逼近型 ADC 就是将输入模拟信号与不同的参考电压多次比较，使转换所得的数字量在数值上逐次逼近输入模拟量对应值。

12 位 ADC 是一种采用逐次逼近方式的模数转换器。它有 18 个多路复用通道，可以转换来自 16 个外部通道和 2 个内部通道的模拟信号。模拟看门狗允许应用程序检测输入电压是否超出用户设定的高低阈值。各种通道的 ADC 可以配置成单次、连续、扫描或间断转换模式。ADC 转换的结果可以按照左对齐或者右对齐的方式存储在 16 位数据寄存器中。

2. 12 位 ADC 的主要特征

- 高性能：12 位分辨率；ADC 采样率为 1MSPS；自校准；可编程采样时间；数据寄存器可配置数据对齐方式；支持规则数据转换的 DMA 请求。
- 模拟输入通道：16 个外部模拟输入通道；1 个内部温度传感通道（VSENSE）；1 个内部参考电压输入通道（Vrefint）。
- 转换开始的发起方式：软件触发或硬件触发。
- 转换模式：转换单个通道，或者扫描一序列的通道；单次模式，每次触发转换一次选择的输入通道；连续模式，连续转换所选择的输入通道；间断模式；同步模式（适用于具有两个或多个 ADC 的设备）。
- 模拟看门狗。
- 中断的产生：规则组或注入组转换结束；模拟看门狗事件。
- ADC 供电要求：2.6V 到 3.6V，一般电源电压为 3.3V。
- ADC 输入范围：VREFN ≤ VIN ≤ VREFP。

3. ADC 校准（CLB）

ADC 带有一个前置校准功能。在校准期间，ADC 计算一个校准系数，这个系数是应用于 ADC 内部的，直到 ADC 下次掉电才无效。在校准期间，应用不能使用 ADC，必须等到校准完成。在 A/D 转换前应执行校准操作。通过软件设置 CLB = 1 来对校准进行初始化，在校准器件 CLB 位会一直保持 1，直到校准完成，该位由硬件清 0。

当 ADC 运行条件改变（例如 VDDA、VREFP 以及温度等）时，建议重新执行一次校准操作。内部的模拟校准通过设置 ADC_CTL1 寄存器的 RSTCLB 位来重置。

软件校准过程为：确保 ADCON = 1；延迟 14 个 ADCCLK 以等待 ADC 稳定；设置 RSTCLB（可选的）；设置 CLB = 1；等待直到 CLB = 0。

4. ADC 时钟

ADC 时钟是由时钟控制器提供的，它和 AHB、APB2 时钟保持同步。ADC 最大的时钟频率为 14MHz。在 RCU 时钟控制器中，有一个专门用于 ADC 时钟的可编程分频器。

（1）ADCON 开关

ADC_CTL1 寄存器中的 ADCON 位是 ADC 模块的使能开关。如果该位为 0，则 ADC 模块保持复位状态。为了省电，当 ADCON 位为 0 时，ADC 模拟子模块将会进入掉电模式。

注意：ADCON 位设置为 1 后，需要添加不少于 20us 的延时。

（2）规则组和注入组

ADC 支持 18 个多路通道，可以把转换组织成两组：一个规则组通道和一个注入组通道。

规则组可以按照特定的序列组织成多达 16 个转换的序列。ADC_RSQ0 ~ ADC_RSQ2 寄存器规定了规则组的通道选择。ADC_RSQ0 寄存器的 RL［3:0］位规定了整个规则组转换序列的长度。

注入组可以按照特定的序列组织成多达 4 个转换的序列。ADC_ISQ 寄存器规定了注入组的通道选择。ADC_ISQ 寄存器的 IL［1:0］位规定了整个注入组转换序列的长度。

注意：ADC 同时使用规则组和注入组，注入组采样周期应避免使用 1.5 和 7.5 个周期。

（3）转换模式

单次转换模式，该模式能够运行在规则组和注入组。如图 2-1 所示。

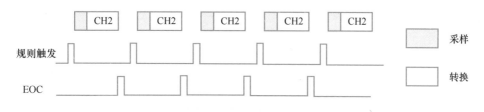

图 2-1　单次转换模式

连续转换模式，该模式可以运行在规则组通道上。如图 2-2 所示。

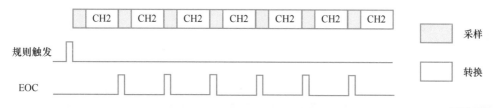

图 2-2　连续转换模式

扫描转换模式，该模式能够运行在规则组和注入组。如图 2-3 所示。

间断转换模式，规则组和注入组不能同时在间断模式工作，同一时刻只能有一组被设置成间断模式。如图 2-4 所示。

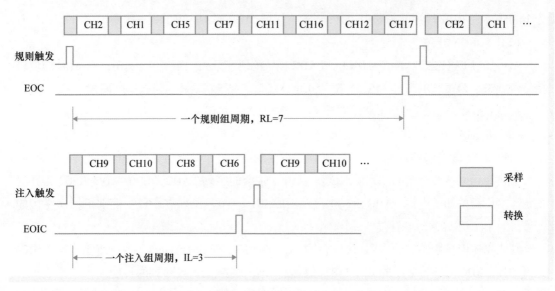

图 2-3　扫描转换模式

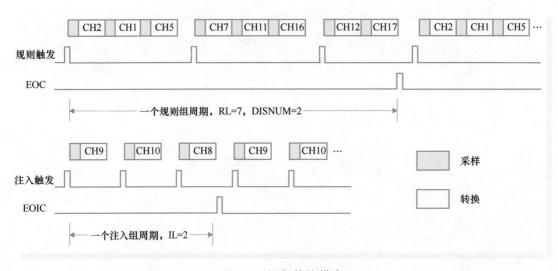

图 2-4　间断转换模式

▶▶ 2.2.4　通用输入/输出模块 GPIO

1. GPIO 概述

（1）GPIO 的基本概念和特性

GPIO，即通用输入/输出（General Purpose I/O）的缩写，主要在工业现场的数字信号输入/输出场景中发挥作用。GPIO 具备一些基本特性：多种工作模式，包括输入、输出、复用、模拟；灵活的复用功能；5V 的电压容限（除 ADC 以外其他都是）；外部中断功能。

（2）端口和引脚

端口（PORT）：端口作为独立的外设子模块，内含多个 GPIO 引脚，并通过多个硬件寄存器来管理这些引脚的状态和配置。GPIO 模块由多个独立的子模块构成，如 GPIOA、GPIOB、GPIOC 等。例如，GPIOA 端口包含从 PA0 到 PA15 的 16 个引脚，这些引脚的工作状态由 10 个硬件寄存器控制。

引脚（PIN）：引脚是微控制器的单独管脚，隶属于特定的端口，并由相应端口寄存器进行控制。例如，PA0 引脚对应于 STM32 微控制器的一个特定管脚，位于 GPIOA 端口，该引脚的输出电平由 GPIOA 的输出数据寄存器（GPIO_ODR）的特定位决定。

一个端口默认包含 16 个引脚，但不同型号的 STM32 微控制器所包含的端口数量及各端口包含的引脚数量各不相同，具体信息可以查询芯片的数据手册。

2. GPIO 模块的电路结构

每个 GPIO 模块的内部都有如图 2-5 所示的电路结构。

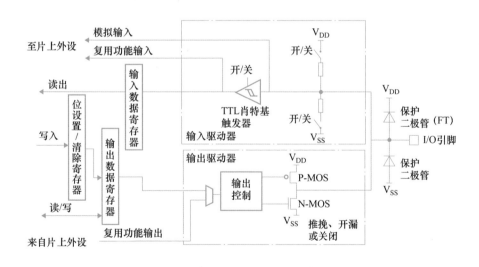

图 2-5　GPIO 模块的电路结构

（1）保护二极管

IO 引脚上下两个二极管用于防止引脚外部过高、过低的电压输入。当引脚电压高于 V_{DD} 时，上方的二极管导通；当引脚电压低于 V_{SS} 时，下方的二极管导通，防止不正常电压引入芯片导致芯片烧毁。但是尽管如此，还是不能直接外接大功率器件，须加大功率以及隔离电路驱动，防止烧坏芯片或者外接器件无法正常工作。

（2）P-MOS管和N-MOS管

由P-MOS管和N-MOS管组成的单元电路使得GPIO具有"推挽输出"和"开漏输出"的模式。

（3）TTL肖特基触发器

信号经过触发器后，模拟信号转化为0和1的数字信号。但是，当GPIO引脚作为ADC采集电压的输入通道时，用其"模拟输入"功能，此时信号不再经过触发器进行TTL电平转换。ADC外设要采集到原始的模拟信号。

3. GPIO的输入/输出模式

GPIO支持4种输入模式（浮空输入、上拉输入、下拉输入、模拟输入）和4种输出模式（开漏输出、开漏复用输出、推挽输出、推挽复用输出）。同时，GPIO还支持3种最大翻转速度（2MHz、10MHz、50MHz）。

每个I/O端口都可以自由编程，但I/O端口寄存器必须按32位字被访问。GPIO输入模式如图2-6所示。

程序中标识	模式
GPIO_Mode_AIN	模拟输入
GPIO_Mode_IN_FLOATING	浮空输入
GPIO_Mode_IPD	下拉输入
GPIO_Mode_IPU	上拉输入
GPIO_Mode_Out_OD	开漏输出
GPIO_Mode_Out_PP	推挽输出
GPIO_Mode_AF_OD	开漏复用输出
GPIO_Mode_AF_PP	推挽复用输出

图2-6　GPIO输入模式

1）上拉输入模式，如图2-7所示。

默认情况下，输入引脚数据为1，高电平。

在上拉输入模式下，I/O端口的电平信号被直接传送到输入数据寄存器。然而，在I/O端口处于悬空状态（即无信号输入）时，输入端的电平维持在高电平状态（类似于上拉电阻连接至电压源）。此外，当I/O端口输入为低电平时，输入端的电平也会相应地变为低电平（类似于上拉电阻连接的电压与端口之间的导通状态）。

2）下拉输入模式，如图2-8所示。

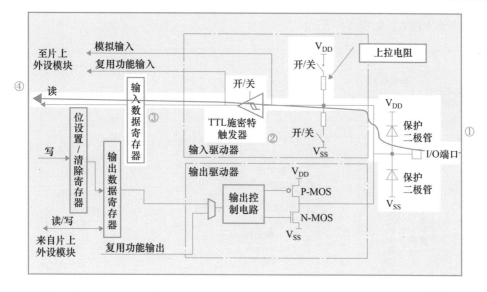

图 2-7　上拉输入模式

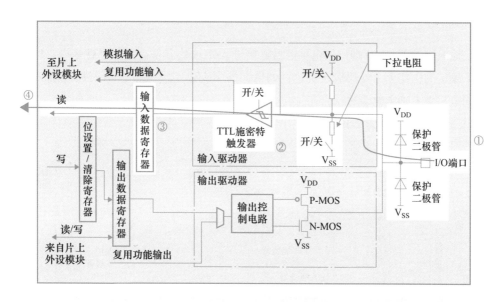

图 2-8　下拉输入模式

默认情况下输入引脚为 0，低电平。

在下拉输入模式下，I/O 端口的电平信号被直接传递到输入数据寄存器。然而，在 I/O 端口处于悬空状态（即无信号输入）时，输入端的电平保持为低电平。此外，当 I/O 端口输入为高电平时，输入端的电平也会保持为高电平。

3）浮空输入模式，如图 2-9 所示。

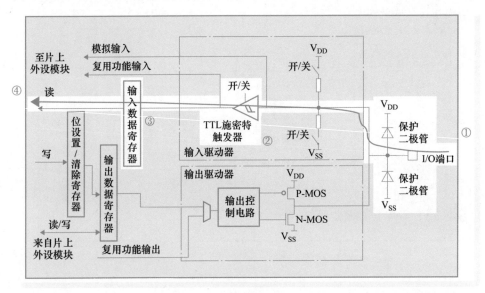

图 2-9　浮空输入模式

在浮空输入模式下，I/O 端口的电平信号直接进入输入数据寄存器。也就是说，I/O 的电平状态是不确定的，完全由外部输入决定；如果在该引脚悬空（无信号输入）的情况下，读取该端口的电平是不确定的。

4）模拟输入模式，如图 2-10 所示。

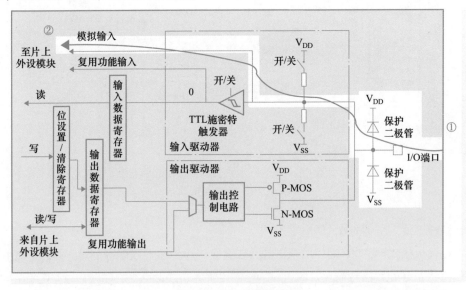

图 2-10　模拟输入模式

在模拟输入模式下，I/O 端口的模拟信号（电压信号，而非电平信号）直接模拟输入到片上外设模块，比如 ADC 模块等。模拟信号一般：3.3V，5V，9V。

5）开漏模式，如图 2-11 所示。

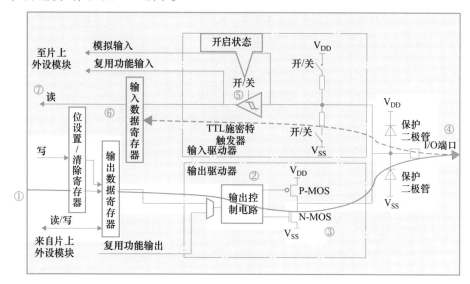

图 2-11 开漏模式

可以输出 0 和 1，适用于电平不匹配的场合，需要上拉电阻才可以得到高电平。

在开漏输出模式下（上拉电阻+N-MOS 管），通过设置位设置/清除寄存器或者输出数据寄存器的值，途经 N-MOS 管，最终输出到 I/O 端口。这里要注意 N-MOS 管，当设置输出的值为高电平时，N-MOS 管处于关闭状态，此时 I/O 端口的电平不会由输出的高低电平决定，而是由 I/O 端口外部的上拉或者下拉决定；当设置输出的值为低电平时，N-MOS 管处于开启状态，此时 I/O 端口的电平就是低电平。同时，I/O 端口的电平也可以通过输入电路进行读取。注意，I/O 端口的电平不一定是输出的电平。

6）开漏复用输出模式，如图 2-12 所示。

开漏复用输出模式与开漏输出模式很类似，只是输出的高低电平的来源，不是让 CPU 直接写输出数据寄存器，而是由片上外设模块的复用功能输出来决定的。

7）推挽输出模式，如图 2-13 所示。

可以输出高低电平 0 和 1，适用于双向 I/O 使用。

在推挽输出模式下（P-MOS 管+N-MOS 管），通过设置位设置/清除寄存器或者输出数据寄存器的值，途经 P-MOS 管和 N-MOS 管，最终输出到 I/O 端口。这里要注意 P-MOS 管和 N-MOS 管，当设置输出的值为高电平时，P-MOS 管处于开启状态，N-MOS 管处于关闭状态，此时 I/O 端口的电平由 P-MOS 管决定；当设置输出的值为低电平时，P-MOS 管处于关闭状态，N-MOS 管处于开启状态，此时 I/O 端口的电平由 N-MOS 管决定：低电平。同时，I/O 端口的电平也可以通过输入电路进行读取。注意，此时 I/O 端口的电平一定是输出的电平。

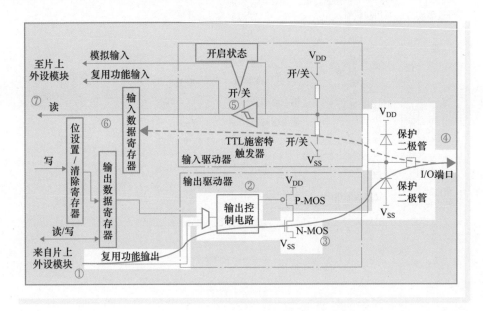

图 2-12　开漏复用输出模式

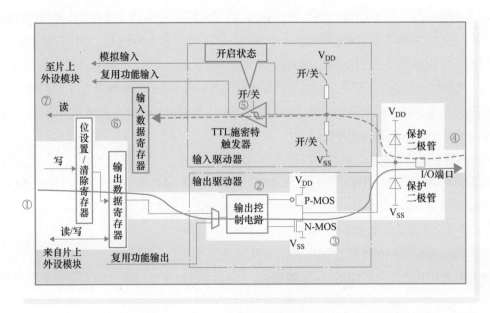

图 2-13　推挽输出模式

8）推挽复用输出模式，如图 2-14 所示。

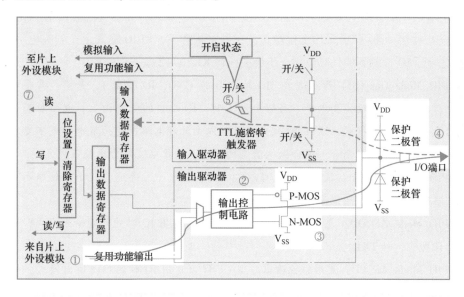

图 2-14　推挽复用输出模式

推挽复用输出模式与推挽输出模式很类似，只是输出的高低电平，不是让 CPU 直接写输出数据寄存器，而是由片上外设模块的复用功能输出来决定的。

4. GPIO 模块的模式用途

以通用芯片为例说明 GPIO 模块的模式用途。

- GPIO_Mode_AIN：模拟输入，一般用于 ADC 模拟输入。
- GPIO_Mode_IN_FLOATING：浮空输入，可用于 KEY 按键实验、发送接收信号 RX、TX、IIC、USART 等，不过这些实验也可以不用浮空输入，如 KEY 用到上拉输入和下拉输入。
- GPIO_Mode_IPD：下拉输入。
- GPIO_Mode_IPU：上拉输入。

I/O 内部上拉电阻、下拉电阻输入视情况而定，比如 KEY 按键实验，原理图如图 2-15 所示。

当 KEY_UP 按下后，IO 端口应该是 3V3 电平输入，未按下时为悬空状态，而悬空状态 IO 输入是未知的，所以为了防止程序"跑飞"，采用下拉输入，在悬空状态下，使 IO 输入下拉到低电平。这样，在悬空

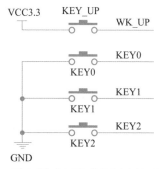

图 2-15　KEY 按键实验原理图

状态下，IO 检测到的是低电平，不会去执行 key_up 按下后的程序。

KEY0 ~ 2 按下后，IO 口是低电平输入。按下时为悬空状态，而悬空状态 IO 输入是未知的，所以为了防止程序"跑飞"，采用上拉输入，在悬空状态下，使 IO 输入上拉到高电平。这样，在悬空状态下，IO 检测到的是高电平，不会去执行 KEY0 ~ 2 按下后的程序。

- GPIO_Mode_Out_OD：开漏输出。IO 输出 0 接 GND，IO 输出 1，悬空，需要外接上拉电阻，才能实现输出高电平。当输出为 1 时，IO 端口的状态由上拉电阻拉高电平，但由于是开漏输出模式，这样 IO 端口也就可以由外部电路改变为低电平或不变。该模式适用于电平不匹配场合、适合做电流型的驱动，吸收电流能力比较强。

- GPIO_Mode_Out_PP：推挽输出。可以输出高、低电平。导通损耗小、效率高。既提高电路的负载能力，又提高开关速度。

- GPIO_Mode_AF_OD：复用开漏输出，当 GPIO 为复用 IO 时的开漏输出模式，一般用于外设功能，如 TX1。

- GPIO_Mode_AF_PP：复用推挽输出。当 GPIO 为复用 IO 时的推挽输出模式，一般用于外设功能，如 I2C。

▶▶ 2.2.5　IIC 控制器

1. IIC 的基本介绍

IIC（Inter-Integrated Circuit）又称 I2C，是一种串行通信协议，由 Philips 公司开发的一种简单、双向二线制同步串行的半双工模式总线，主要用于在集成电路之间进行通信，通常用于连接微控制器、传感器、存储器芯片、实时时钟等设备。现在大部分芯片都会集成这个接口。和 SPI 不同的是，这个接口协议通信过程中有应答机制。IIC 作为 MCU 中常用的接口模块，只需要两条总线线路：一条串行数据线（SDA）和一条串行时钟线（SCL），支持双向通信。这两条线都是漏极开路或者集电极开路结构，使用时需要外加上拉电阻，可以挂载多个设备。每个接到 IIC 总线上的器件都有唯一的地址。其中，主动发起操作的一方为主机，另外一方为从机。IIC 规定通信时的时钟、起始信号、停止信号只能由主机产生。IIC 示意图如图 2-16 所示。

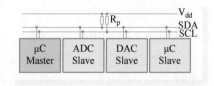

图 2-16　IIC 示意图

连接到相同总线上的 IIC 数量只受总线最大电容 400pF 的限制，最多可挂 112 个设备，串行的 8 位双向数据传输位速率在标准模式下可达 100Kbit/s，快速模式下可达 400Kbit/s，高速模式下可达 3.4Mbit/s。

2. IIC 的特点

IIC 作为一种常用的串行通信协议，具有以下特点。

- 双线制：IIC 使用两根线来进行通信，分别是串行数据线（SDA）和串行时钟线（SCL）。这种双线制简化了硬件连接，使得设备之间的通信更加简便。
- 主从结构：IIC 通信通常由一个主设备（例如微控制器或微处理器）控制，主设备负责发起通信和生成时钟信号，而其他设备则作为从设备响应主设备的命令。
- 多设备支持：IIC 总线支持多达数十甚至数百个设备连接到同一总线上。这使得 IIC 成为连接大量外设的理想选择，例如传感器、存储器芯片、实时时钟等。
- 应答机制：在每个数据字节的传输过程中，接收方会发送应答信号（ACK），以确认已成功接收数据。这种应答机制增加了通信的可靠性。
- 多速率支持：IIC 协议支持多种传输速率，包括标准模式（Standard Mode，最高 100Kbit/s）、快速模式（Fast Mode，最高 400Kbit/s）、高速模式（High-Speed Mode，最高 3.4 Mbit/s）等。这使得 IIC 可以根据具体应用需求选择合适的通信速率。
- 硬件简单：相比其他串行通信协议，如 SPI（Serial Peripheral Interface），IIC 所需的硬件线路更为简单，只需要两根线来进行通信。
- 地址分配：每个 IIC 设备都有一个唯一的 7 位地址，主设备通过发送设备地址来选择要与之通信的特定设备。这种地址分配机制使得多个设备可以在同一总线上进行通信而不产生冲突。
- 广泛应用：由于其简单、灵活和可靠的特性，IIC 广泛应用于嵌入式系统中，例如连接各种传感器、存储器、实时时钟、数字/模拟转换器等外设。

3. IIC 协议

IIC 总线协议主要由两根线构成：串行数据线（SDA）和串行时钟线（SCL）。其中，SDA 线负责数据传输，而 SCL 线负责时钟同步。由主设备向从设备发送数据，其具体的传输时序图如图 2-17 所示。

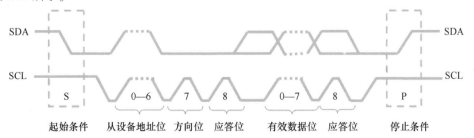

图 2-17　IIC 传输时序图

由图可知，IIC 协议在传输过程中具有以下状态。

1）空闲状态：SDA \ SCL 均为高电平，总线空闲。

2）开始状态：即起始条件，SCL 为高电平，SDA 的电平由高跳到低表示开始信号。

3）终止状态：即停止条件，SCL 为高电平，SDA 的电平由低跳到高表示终止信号。

4）应答状态：接收器反馈应答信号，应答信号为低电平，则为有效应答位，表示成功接收。

数据传输在传输过程中，主设备按照从高到低的顺序，依次发送地址位，从设备进行接收，通常情况下，地址位为 7bit，读写选择为 1bit。每个从设备有且只有一个唯一的地址编号，依靠这个编号，确定主设备具体与哪一个从设备进行通信。同时，为了确保采样时信号稳定，对于主设备，在下降沿的时候将信号放在 SDA 上；对于从设备，在上升沿的时候进行采样。对于读写控制位来说，如果主设备需要将数据发送到从设备，则该位设置为 0；如果主设备需要往从设备接收数据，则将其设置为 1。即写为 0，读为 1。

发送完地址位与读写控制的 8bit 后，主机释放对 SDA 的控制权。由于上拉电阻的作用，这个时候 SDA 默认为高电平，从机接管 SDA 的控制权。假如从机正确地接收了数据，会将 SDA 拉低；假如没有正确地接收数据，在从设备的控制下，SDA 依旧为高电平。

当成功收到应答位（ACK）信号后，就可以正式传输数据位了，每一次默认传输一个字节（即 8bit），每个字节的传输都需要跟一个应答位（ACK/NACK）。

4. IIC 的突出特征

（1）突出特征 1

IIC 通信的时候，通信双方地位是不对等的，分为主设备和从设备。通信由主设备发起并主导，从设备只是按照 IIC 协议被动地接收主设备的通信，并及时响应。谁是主设备，谁是从设备是由通信双方来定的（IIC 协议并无规定），一般来说一个芯片既可以做主设备也可以做从设备、也可以既做主设备又做从设备（软件配置）。

（2）突出特征 2

多个从设备挂在一条 IIC 总线上。IIC 通信既可以一对一（1 个主设备对 1 个从设备），也可以一对多（1 个主设备对多个从设备）。主设备负责调度总线，决定某一时间和哪个从设备通信。

注意：同一时间内，IIC 的总线上只能传输一对设备的通信信息，所以同一时间只能有一个从设备和主设备通信，其他从设备处于"冬眠"状态，否则通信就乱套了。

每一个 IIC 从设备在通信中都有一个 IIC 从设备地址，这个设备地址是从设备本身固有的属性。通信时，主设备需要知道自己将要通信的从设备的地址，然后在通信中通过地址来甄别是否是自己要找的从设备。

2.3 本章小结

本章深入探讨了 AI 芯片开发平台的要点。首先,对 AI 芯片硬件平台进行分类,分为同构和异构两种类型。同构平台拥有相似结构和功能的处理单元,而异构平台则由不同类型的处理单元组合而成,以满足多样化的计算需求。其次,重点介绍了 AI 芯片开发平台常用的外设,包括网络设备、显示模块和摄像头模块、模数转换 ADC 模块、通用输入/输出 GPIO 模块以及 IIC 控制器等。这些外设在 AI 芯片的开发过程中扮演着至关重要的角色,能够实现与外设的连接和数据交换,从而拓展了 AI 应用的功能和应用范围。

2.4 本章习题

1. 解释同构和异构 AI 芯片硬件平台的区别,并分析它们在实际应用中的优缺点。

2. 为什么在 AI 芯片开发中需要对硬件平台进行分类?提出一种新的分类方法并说明其合理性。

3. 选择一种常见的 AI 芯片硬件平台,例如 GPU 或者 FPGA,分析其架构和设计原理,以及其在 AI 应用中的优势。

4. 讨论在 AI 芯片开发中常见的同构和异构硬件平台组合方式,提出一种优化组合方案并说明其优点。

5. 描述网络设备在 AI 芯片开发平台中的作用,并举例说明其在实际应用中的重要性。

6. 分析显示模块和摄像头模块在 AI 芯片开发中的应用场景,并说明其对于图像识别和处理任务的贡献。

7. 解释模数转换 ADC 模块在 AI 芯片开发中的作用,以及其在数据采集和处理中的重要性。

8. 讨论通用输入/输出 GPIO 模块在 AI 芯片开发平台中的功能和应用,以及其在外设连接中的作用。

9. 描述 IIC 控制器在 AI 芯片开发中的作用,并分析其在连接外部传感器和设备时的优势。

10. 选择一种 AI 芯片开发平台,分析其外设接口的设计特点,并提出一种改进方案。

11. 比较几种常见的 AI 芯片开发平台的外设接口设计,分析它们在连接性能和数据传输速率上的差异。

12. 讨论外设接口设计在 AI 芯片开发中可能遇到的挑战,并提出应对这些挑战的策略和方法。

13. 分析在 AI 芯片开发平台中外设接口的标准化程度对于开发效率和产品质量的影响。

14. 解释为什么在 AI 芯片开发中需要考虑外设接口的扩展性和兼容性，并提出一种评估外设接口的方法。

15. 提出一种新的外设接口设计理念或技术创新，并说明其在提高 AI 芯片开发效率和性能方面的潜在优势。

16. 针对特定的 AI 芯片应用场景，设计一种符合要求的外设接口方案，并详细说明其设计原理和实施步骤。

第3章

▶▶▶▶▶▶

数据预处理

本章主要探讨数据预处理的概念、方法和工具，并着重介绍了在深度学习领域的实际应用。通过数据清洗、数据采样、特征提取、数据归一化、数据增强和数据白化等数据预处理步骤，为深度学习模型提供了更为准确和完整的输入数据，以提高模型的性能和稳定性。

3.1 深度学习数据预处理概述

深度学习数据预处理是指在深度学习任务中对原始数据进行一系列操作和转换，准备数据以供模型使用，从而提高深度学习模型的性能和稳定性。这一过程包括数据清洗、数据采样、特征提取、数据归一化、数据增强、数据白化等步骤，旨在消除噪声、处理异常值、降低数据的复杂性，以及增强模型对数据的理解和泛化能力。通过精心设计和执行数据预处理，研究人员能够为深度学习模型提供更具信息量、更可靠的输入数据，从而改善模型的学习能力、准确度和鲁棒性，使其更适应各种复杂任务，如图像识别、自然语言处理和推荐系统等。深度学习数据预处理是构建强大深度学习模型的关键步骤之一，有助于使模型更好地理解和解决真实世界中的问题。深度学习数据预处理通常包括以下步骤。

（1）数据清洗

首先需要对原始数据进行清洗，包括去除缺失值、异常值处理和噪声过滤等，以提高数据的质量。

1）去除缺失值：缺失值是原始数据中常见的问题，可能会导致模型训练失败或产生不准确的结果。在数据清洗过程中，识别并移除缺失的数据点或填补缺失值，以确保数据集的完整性。

2）异常值处理：异常值是与大多数数据点显著不同的数据点。它们可能是数据输入错误或测量误差的结果。在数据清洗过程中，需要检测和处理异常值，以防止它们对模型产生误导性影响。

3）噪声过滤：噪声是数据中的随机或不相关信息，它可以干扰模型的学习过程。在数据清洗过程中，进行噪声过滤可以减少数据中的不必要变化和随机波动。

（2）数据采样

在大规模数据集上训练深度学习模型需要大量的计算资源，因此可以采用数据采样的方法来减小训练数据集的规模。数据采样可以分为随机采样和分层采样两种方式。

1）随机采样：随机采样是一种简单而广泛应用的数据采样方法。在随机采样中，从原始数据集中随机选择一部分样本，构建一个较小的训练数据集。这个过程是随机的，每个样本都有被选中的机会，但并不保证所有样本都会被包括在内。随机采样的优点在于简单易实施，适用于大多数数据集。然而，由于随机的性质，可能导致抽样偏差，即某些类别或特征的样本数量相对较少。

2）分层采样：分层采样是一种更加复杂但能够更好地保持数据分布特性的采样方法。在分层采样中，数据集被划分为不同的层（或分组），每个层都包含一组具有相似特性的样本。然后，从每个层中进行采样，以确保在训练数据中包含来自每个层的样本。这种方式能够更好地维护原始数据集的特征分布，有助于避免抽样偏差。分层采样常用于处理类别不平衡的问题，其中某些类别的样本数量较少。

（3）特征提取

深度学习模型需要输入数据的特征表示，因此需要进行特征提取。特征提取可以分为手工特征提取和自动特征提取两种方式。手工特征提取需要人工设计特征提取器，自动特征提取则是通过深度学习模型自动学习数据的特征表示。

1）手工特征提取：手工特征提取是一种传统的方法，它要求数据科学家或领域专家根据问题的背景和领域知识手动设计和选择要用于模型的特征。这些特征通常基于对数据的领域理解，以及对问题的直觉和经验。手工特征提取器可以将原始数据转换为一组明确定义的特征，这些特征可以更好地捕捉数据的重要属性。然而，手工特征提取的局限性在于：它需要专业领域知识，且可能无法充分利用数据中的潜在信息。

2）自动特征提取：自动特征提取是深度学习的强大特点之一，它使模型能够自动学习数据的特征表示。深度学习模型在训练过程中通过多层神经网络学习数据的抽象特征，无须人工干预。这种方式适用于复杂、高维度的数据，可以发掘数据中的潜在模式和特征，使模型具有更强的泛化能力。自动特征提取的代表包括卷积神经网络（CNN）用于图像数据，循环神经网络（RNN）用于序列数据，以及各种深度学习模型用于自然语言处理（NLP）任务。

（4）数据归一化

归一化是将数据映射到一个固定的范围内，以避免数据之间的尺度差异对模型产生负面影响。数据归一化的方法包括 Min-Max 归一化和 Z-score 归一化等。

（5）数据增强

数据增强是通过对原始数据进行旋转、平移、缩放和翻转等操作，生成更多的训练样本，以增加训练数据的多样性和数量。数据增强可以提高深度学习模型的鲁棒性和泛化能力。

- 鲁棒性提高：通过数据增强，模型能够在面对不同的输入变换时表现更为鲁棒。这对于处理真实世界中的噪声、变化和不完美数据非常重要。例如，在图像分类任务中，数据增强可以使模型更好地应对不同光照条件、角度和尺度变化。
- 泛化能力提高：数据增强有助于模型更好地泛化到未见过的数据。通过在训练集中引入多样性，模型可以更好地理解数据的本质特征，而不是过度拟合特定样本，有助于减轻过拟合问题。

（6）数据白化

白化是一种数据预处理技术，它可以消除特征之间的相关性，使得经过白化处理的数据具有相互独立的性质，从而提高模型的训练和预测性能。

深度学习数据预处理在构建高性能深度学习模型方面扮演着至关重要的角色。然而，成功的数据预处理策略需要综合考虑多个因素，包括数据的质量、规模和分布，以及所选择的深度学习模型的需求。首先，确保数据的质量是数据预处理的首要任务。这包括去除数据中的缺失值、异常值处理和噪声过滤，以确保模型能够在干净、一致的数据上进行训练。其次，需要考虑数据规模。对于大规模数据集，可以考虑采用数据采样等方法以降低计算资源需求。对于小规模数据集，数据增强等方法可以增加数据的多样性，有助于提高模型的泛化能力。最重要的是，必须考虑数据的分布。不同的深度学习模型对数据分布的敏感性不同，因此需要根据数据分布采取不同的归一化、标准化或数据平衡策略。总之，数据预处理是深度学习任务中的关键步骤，它需要根据具体的数据集和任务需求进行灵活选择和调整，以最大限度地提高模型的性能和稳定性。

3.2 常用的数据预处理方法

当涉及深度学习任务时，数据的质量和准备方式至关重要。本节将介绍一些常用的数据预处理方法，可以帮助更好地准备和处理数据，以提高深度学习模型的性能。首先，将讨论零均值化和归一化，这些方法有助于处理数据的尺度和均值。接着，将探讨主成分分析（PCA）和白化，这些方法有助于降低数据维度和提高数据的独立性。

▶▶ 3.2.1 零均值化（中心化）

零均值化（zero-mean）是一种重要的数据预处理技术，它在深度学习领域扮演着关键的角色。它的核心思想是将数据的均值调整为零，以确保数据在不同特征之间具有可比性，从而提高模型的训练效率和性能。在深度学习中，训练神经网络通常需要处理大量图像数据，为了有效地训练这些网络，通常需要对图像进行零均值化，即让所有训练图像中每个位置的像素均值为 0，使得像素值范围变为 [−128, 127]，以 0 为中心。设原始数据为 x，维数为 n，那么零均值化之后的数据 $\tilde{x}$ 见式（3-1）：

$$\tilde{x} = x - \frac{1}{n} \sum_{i=1}^{n} x_i \qquad (3\text{-}1)$$

零均值化的目的不仅是为了提高数据的可比性，还有助于加速神经网络的训练。在机器学习算法中，一些算法对数据的均值和方差很敏感，而且不同特征的数据范围也可能不同，这样就会导致某些特征在训练过程中的影响更大。因此，通过零均值化，可以使所有特征的范围都相差不多，降低了某些特征对模型的影响。此外，零均值化还可以使数据更易于处理，提高算法的收敛速度和性能。该方法可以在反向传播中加快网络中每一层权重参数的收敛，还可以增加基向量的正交性。

在实际应用中，零均值化也可以与标准化（即将数据除以标准差）一起使用，组成一种常用的数据预处理方法，即将数据进行标准化和零均值化。这种方法被广泛应用于数据科学和深度学习领域，它的核心目标是确保数据在多个维度上都具有一致的尺度和均值。当结合标准化和零均值化时，比如要完成手写数字识别任务。现有一个数据集，包含了手写数字的图像，每个图像都有不同的特征表示像素值，希望构建一个深度学习模型来识别这些手写数字。步骤如下：

1）对每个像素位置，计算其在整个数据集中的均值和标准差。

2）对每个图像进行标准化，即将数据减去均值并除以标准差。

3）对每个像素进行零均值化，即再次将数据减去均值，使得每个特征的均值都为 0。

通过这些步骤，预处理了手写数字图像数据集，数据的每个像素都已经标准化，并且可以被深度学习模型用于训练，这个预处理过程有助于确保图像数据在不同特征之间具有可比性，提高了模型的训练效率和性能。这种方法可以在处理数据时消除数据之间的比例因素，以及数据中的任何偏差。

需要注意的是，零均值化并不适用于所有的数据集和机器学习算法。在一些情况下，零均值化可能会降低算法的性能，特别是在处理连续信号数据（如图像和语音信号）时，需要谨慎使用这些预处理步骤，以免破坏数据之间的重要相关性。因此，在选择数据预处理方法时，需要根据具体的数据集和算法进行选择。

▶▶ 3.2.2 归一化（标准化）

归一化的两种方法介绍如下。

（1）Min-Max 归一化（Min-MaxNormalization）

Min-Max 归一化，也称为离差标准化，是一种用于调整原始数据范围的线性变换方法，将结果值映射到［0，1］的区间之间，见式（3-2）：

$$x^* = \frac{x - x_{min}}{x_{max} - x_{min}} \tag{3-2}$$

其中 x 为某个特征的原始值，x_{min} 为该特征在所有样本中的最小值，x_{max} 为该特征在所有样本中的最大值，x^* 为经过归一化处理后的特征值。通过该公式，可以将某个特征的值映射到［0，1］的范围内，有助于消除量纲对最终结果的影响，使不同特征具有可比性。

标准化的主要目的是将数据调整到相同的尺度范围内，以确保不同特征之间具有可比性，避免由于不同特征的数据尺度差异而导致某些特征在训练过程中对模型影响更大的问题。在机器学习算法中，有一些算法对数据的均值和方差很敏感，标准化可以使得数据集的均值变为 0，方差变为 1，从而消除数据尺度对算法性能的影响，提高算法的稳定性和性能。

需要注意的是，在进行数据标准化时，必须计算整个数据集的均值和标准差，然后对所有数据进行相同的标准化操作。此外，标准化通常可以与其他数据预处理方法结合使用，例如零均值化等。

接下来进一步探讨 Min-Max 归一化的应用场景。假设处理一个房价预测的问题，数据集包含房屋的不同特征，例如面积、房龄、卧室数量和浴室数量等。这些特征的取值范围可能差异很大，例如房屋面积可能在 1000m² 到 5000m² 之间，而房龄可能在 1 年到 50 年之间。

在这种情况下，如果不对特征进行 Min-Max 归一化，面积的范围将远大于房龄，这可能会导致某些机器学习算法在处理数据时受到面积的影响更大，而忽略了房龄。通过应用 Min-Max 归一化，可以将这两个特征都映射到［0，1］之间，使它们具有相似的尺度，从而确保模型在训练时平等地考虑它们。

在实际工作中，选择 Min-Max 归一化还是其他归一化方法取决于数据的特性和机器学习算法的要求。这些数据预处理技术是数据科学和机器学习中非常重要的步骤之一，有助于提高模型的性能和鲁棒性。

（2）Z-score 归一化

Z-score 归一化，也称为标准分数归一化，是一种常用的数据预处理方法，类似于标准化。它将原始数据调整为具有标准正态分布特性的数据。Z-score 归一化的目标是将数据缩放到均值为 0，方差为 1 的范围内，从而使得数据分布在以 0 为中心的标准正态分布曲线上。见式（3-3）：

$$x^* = \frac{x - mean}{std} \tag{3-3}$$

其中 x 为某个特征的原始值，$mean$ 为整个数据集中该特征的平均值，std 为整个数据集中该特征的标准差。经过 Z-score 归一化处理后的数据将符合标准正态分布，即均值为 0，标准差为 1。经过零均值化、归一化如图 3-1 所示。

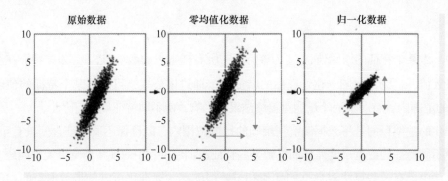

图 3-1　零均值化与归一化

与标准化不同的是，Z-score 归一化同时考虑了数据的均值和标准差，从而确保数据的均值为 0，标准差为 1。这种归一化方法可以将数据调整到一个相对固定的范围内，从而避免了数据之间的尺度差异对模型产生负面影响。此外，Z-score 归一化还有助于更好地理解和比较数据之间的关系。

需要注意的是，Z-score 归一化也需要计算整个数据集的均值和标准差，然后对所有数据进行相同的归一化操作。此外，Z-score 归一化在处理数据时可能会受到离群值的影响，因此在使用时需要谨慎。如果数据集中存在离群值，可能需要采用其他数据预处理方法。

接下来进一步举例探讨 Z-score 归一化的应用场景。在银行贷款审批领域的实际应用中，Z-score 归一化可以用于处理客户的信用信息，从而更好地评估他们的信用申请。例如，客户的年收入、债务金额和信用评分等信息通常具有不同的度量单位和尺度。在此情境下，银行收集这些信息，并通过 Z-score 归一化的处理步骤，将它们标准化为均值为 0 和标准差为 1 的分布。这使银行能够更公平地比较客户的信用信息，从而更准确地评估他们的信用风险，并最终决定是否批准贷款申请。这个过程有助于确保客户的信用数据在不同尺度下具有可比性，从而支持更明智的决策制定。

总之，Z-score 归一化是一种常用的数据预处理方法，适用于许多机器学习和统计分析问题。在选择数据预处理方法时，应根据具体的数据集和算法需求进行选择，以提高算法的稳定性和性能。

数据通过零均值化、归一化后，最终得到均值为 0，标准差为 1 的服从标准正态分布的数据。可以消除由于量纲不同、自身差异或数值相差较大所引起的误差。

▶▶ 3.2.3　主成分分析（PCA）

主成分分析（PCA）是最常用的线性降维方法之一。其主要目标是通过线性投影，将高维数据映射到低维空间，并希望在投影的新维度上保留最大的数据信息量（最大化方差）。通过这种方式，PCA 能够用较少的数据维度来表示原始数据，同时保留大部分原始数据点的特征和变化，从而实现数据的降维和压缩，有助于更高效地进行数据分析和建模。

假设有 m 个样本 $\{X^1, X^2, \cdots, X^m\}$，每个样本有 n 维特征向量 $X^i = (x_1^i, x_2^i, \cdots, x_n^i)^{\mathrm{T}}$，每一个特征 x_j 都有各自的特征值。采用主成分分析的方法求得主成分的步骤如下。

1）求每一个特征的平均值，然后对于所有的样本，每一个特征都减去自身的均值，特征 x_1 的平均值：$\bar{x}_1 = \dfrac{1}{m} \sum_{i=1}^{m} x_1^i$，　特征 x_2 的平均值：$\bar{x}_2 = \dfrac{1}{m} \sum_{i=1}^{m} x_2^i$。

2）求协方差矩阵 C：

$$C = \begin{bmatrix} \mathrm{cov}(x_1, x_1) & \mathrm{cov}(x_1, x_2) \\ \mathrm{cov}(x_2, x_1) & \mathrm{cov}(x_2, x_2) \end{bmatrix}$$

上述矩阵中，对角线上分别是特征 x_1 和 x_2 的方差，非对角线上是协方差。协方差大于 0 表示 x_1 和 x_2 若有一个增，另一个也增；小于 0 表示一个增，一个减；协方差为 0 时，两者独立。协方差绝对值越大，两者对彼此的影响越大，反之越小。其中，$\mathrm{cov}(x_1, x_1)$ 的求解公式见式（3-4）：

$$\mathrm{cov}(x_1, x_1) = \frac{\sum_{i=1}^{m}(x_1^i - \bar{x}_1)(x_1^i - \bar{x}_1)}{m-1} \tag{3-4}$$

根据上面的协方差计算公式得到这 m 个样本在这 n 维特征下的协方差矩阵 C。

3）求协方差矩阵 C 的特征值和相对应的特征向量：利用矩阵的知识，求协方差矩阵 C 的特征值 λ 和相对应的特征向量 $\boldsymbol{\mu}$（每一个特征值对应一个特征向量），公式见式（3-5）。

$$c_{\mu} = \lambda_{\mu} \tag{3-5}$$

特征值 λ 会有 n 个，每一个 λ_i 对应一个特征向量 $\boldsymbol{\mu}_i$，将特征值 λ 按照从大到小的顺序排序，选择最大的前 k 个，并将其对应的 k 个特征向量拿出来，将会得到一组 $\{(\lambda_1, \boldsymbol{\mu}_1, \lambda_2, \boldsymbol{\mu}_2, \cdots, \lambda_k, \boldsymbol{\mu}_k)\}$。

4）将原始特征投影到选取的特征向量上，得到降维后的新 k 维特征：选取最大的前 k 个特征值和相对应的特征向量，并进行投影的过程，就是降维的过程。对于每一个样本 X^i，原来的特征向量是 $(x_1^i, x_2^i, \cdots, x_n^i)^{\mathrm{T}}$，投影之后的新特征向量是 $(y_1^i, y_2^i, \cdots, y_k^i)^{\mathrm{T}}$，新特征的计算公式如下：

$$\begin{bmatrix} y_1^i \\ y_2^i \\ \vdots \\ y_k^i \end{bmatrix} = \begin{bmatrix} u_1^{\mathrm{T}} \cdot (x_1^i, x_2^i, \cdots, x_n^i)^{\mathrm{T}} \\ u_2^{\mathrm{T}} \cdot (x_1^i, x_2^i, \cdots, x_n^i)^{\mathrm{T}} \\ \vdots \\ u_k^{\mathrm{T}} \cdot (x_1^i, x_2^i, \cdots, x_n^i)^{\mathrm{T}} \end{bmatrix}$$

每一个样本 $\boldsymbol{X}^i$，由原来的 $\boldsymbol{X}^i = (x_1^i, x_2^i)^{\mathrm{T}}$ 变成了 $\boldsymbol{X}^i = y_1^i$，达到了降维的目的。

PCA 降维的目的是在最大程度保留原始数据的信息的前提下，对原始特征进行降维。降维的过程是将原始特征投影到具有最大方差的维度上，通过这种方式，试图使降维后的数据信息损失最小。这意味着希望在减少特征的数量的同时，尽可能保持数据的重要结构和差异性，以便更高效地进行分析和建模。

▶▶ 3.2.4　白化（Whitening）

白化是一种数据预处理技术，它可以消除特征之间的相关性，使经过白化处理的数据具有相互独立的性质，从而提高模型的训练和预测性能。白化也称为球面化，因为它可以将数据点映射到高维球面上。白化的目的是去除输入数据中的冗余信息。在进行白化处理后，生成的新数据集应满足两个条件：一是特征之间的相关性较低，二是特征具有相同的方差。白化算法的实现过程如下。

1）PCA 预处理：求出新特征空间中的新坐标，如图 3-2 所示，将原始数据 x 通过协方差矩阵可以求得特征向量 $\boldsymbol{\mu}_1$、$\boldsymbol{\mu}_2$。

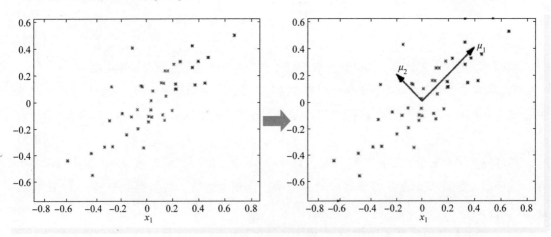

图 3-2　PCA 预处理

得到特征向量 $\boldsymbol{\mu}_1$、$\boldsymbol{\mu}_2$ 后，把每个数据点投影到这两个新的特征向量上，得到新的坐标，坐标图如图 3-3 所示。

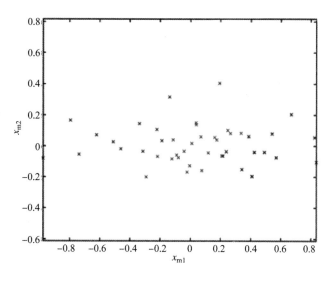

图 3-3　坐标图

2）PCA 白化：从上图可以看出，在新的坐标空间中，两个坐标轴方向的数据标准差不同，因此需要对新的每一维坐标做标准差归一化处理。公式见式（3-6）。

$$X''_{PCAwhite} = \frac{X'}{std(X')} \tag{3-6}$$

X' 为经过 PCA 处理过的坐标空间，std 代表标准差。白化后的数据如图 3-4 所示。

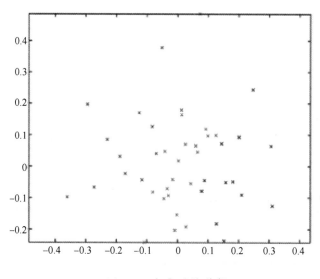

图 3-4　白化后的数据

经过白化处理，可以降低数据之间的相关度，不同数据所蕴含的信息之间的重复性就会降低，网络的训练效率就会提高。

白化的基本思想是通过对数据的协方差矩阵进行特征值分解，将数据在新的坐标系中进行旋转和缩放，以使新特征之间的协方差为零，从而消除特征之间的相关性。具体来说，白化可以分为以下步骤：

首先对数据进行中心化，即对每个特征减去该特征的均值，以确保所有特征的均值为零。接着对中心化后的数据进行特征值分解，即计算数据的协方差矩阵的特征值和特征向量。然后，将数据投影到由这些特征向量构成的新坐标系上，新坐标系中特征之间的协方差为零，使数据变得相互独立。

白化技术可以显著提高许多机器学习算法的效果，特别是那些处理特征之间存在较强相关性的算法，例如神经网络和支持向量机等。此外，白化还能用于数据可视化，提高数据的可解释性。

需要注意的是，白化的效果可能会受到数据分布的影响，因此在使用时需要格外谨慎。此外，白化会增加计算和存储开销，因此在处理大规模数据集时需要考虑计算效率。

综上所述，白化是一项重要的数据预处理技术，通过减少特征之间的相关性，有效提高机器学习算法的性能。在选择数据预处理方法时，应根据具体的数据集和算法来进行选择，以提高算法的稳定性和性能。

3.3　视频数据预处理——基于 GStreamer

▶▶ 3.3.1　GStreamer 概述

GStreamer 是一个支持 Windows、Linux、Android、iOS 的、跨平台的多媒体框架，应用程序可以通过管道（Pipeline）的方式，将多媒体处理的各个步骤串联起来，达到预期的效果。每个步骤通过基于 GObject 对象系统的元件（Element）通过插件（Plugin）的方式实现，方便各项功能的扩展。

1. GStreamer 框架

基于 GStreamer 框架的应用分层，如图 3-5 所示。

最上面一层为多媒体应用（Media Applications），比如 GStreamer 自带的一些工具（gst-launch，gst-inspect 等），以及基于 GStreamer 封装的库（gst-player，gst-rtsp-server，gst-editing-services 等）根据不同场景实现的应用。

中间一层为核心框架（Core Framework），主要提供：

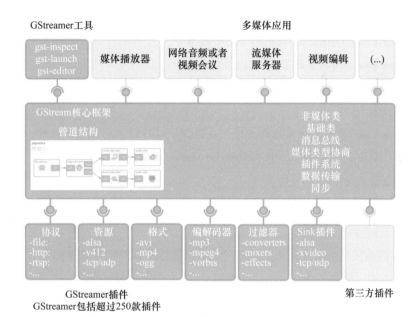

图 3-5　基于 GStreamer 框架的应用分层

- 上层应用所需接口。
- 插件（Plugin）的框架。
- 管道（Pipline）的框架。
- 数据在各个元件（Element）间的传输及处理机制。
- 多个媒体流（Streaming）间的同步（比如音视频同步）。
- 其他各种所需的工具库。

最下层为各种插件（Plugin），实现具体的数据处理及音视频输出，应用不需要关注插件的细节，会由核心框架层负责插件的加载及管理。主要分类如下。

- 协议（Protocol）：负责各种协议的处理，例如 file，http，rtsp 等。
- 资源（Source）：负责数据源的处理，例如 alsa，v4l2，tcp/udp 等。
- 格式（Format）：负责媒体容器的处理，例如 avi，mp4，ogg 等。
- 编解码器（Codec）：负责媒体的编解码，例如 mp3，mpeg4，vorbis 等。
- 过滤器（Filter）：负责媒体流的处理，例如 converters，mixers，effects 等。
- Sink 插件（Sink）：负责媒体流输出到指定设备或目的地，例如 alsa，xvideo，tcp/udp 等。

GStreamer 框架根据各个模块的成熟度以及所使用的开源协议，将 Core 及 Plugin 置于不同的源码包中。

- GStreamer：包含 Core Framework 及 Core Elements。
- gst-plugins-base：GStreamer 应用所需的必要插件。
- gst-plugins-good：高质量的采用 LGPL 授权的插件。
- gst-plugins-ugly：高质量但使用了 GPL 等其他授权方式的库的插件，比如使用 GPL 的 x264，x265。
- gst-plugins-bad：质量有待提高的插件，成熟后可以移到 good 插件列表中。
- gst-libav：对 libav 进行封装，使其能在 GStreamer 框架中使用。

2. GStreamer 基本概念

元件（Element）是 GStreamer 中具有特定功能的基本单元，用于组成管道（Pipeline）。可以将元件视为一个"黑盒"，只需了解其功能和接口标准，而不需要知道其内部实现。这种封装设计保证了良好的隐私性，开发人员只需关注自己插件的开发和与其他插件的接口对接。按照元件的不同功能，将其分为三类：数据源元件（Source Element）、过滤器元件（Filter Element）和接收器元件（Sink Element）。三种类型元件关系图如图 3-6 所示。

图 3-6　三种类型元件关系图

数据源元件的作用是为整个管道提供数据源。数据源元件可以从多种来源提取数据，例如文件、声卡、显示设备等。数据源元件只有一个输出端，比如，filesrc 插件可以从特定的音视频文件中读取数据，ximagesrc 插件可以直接从计算机的声卡或显示设备中读取数据，而 audiotestsrc 插件可以生成音频测试数据。

过滤器元件是流媒体数据处理的关键，类似于加工厂，用于进行中间处理。每个过滤器元件都具有输入端和输出端，数据流从输入端进入插件，经过处理后再从输出端传递给下一个插件。通过构建过滤器管道，可以将数据分解为多个小任务并分配给不同的过滤器进行处理，从而提高整体的数据处理效率。过滤器元件的作用是处理和修改数据流，例如压缩、解压、裁剪、旋转等。

接收器元件是一种只有输入端而没有输出端的插件，通常用于流媒体管道的最后一步处理。

衬垫（Pad）是元件的外部接口，它可以是接收端（Sink）或发送端（Src），方向由元件的功能决定。衬垫有静态、需申请和自动生成三种不同的类型。静态类型的衬垫在元件创建时就已确定，需申请的衬垫在运行时进行动态申请，而自动生成的衬垫则由元件自行创建。衬垫还根据数据格式的不同分为音频（Audio）和视频（Video）两种。只有当衬垫的数据格式相同、方向相反时，属于不同元件的衬垫之间才能建立连接。这种连接可以使媒体数据流从一个元件流向另一个元件，实现复杂的媒体处理操作。

箱柜（Bin）是一个元件，能够容纳多个其他的元件并将它们组装成一个整体。与其他元件一样，可以对箱柜本身进行操作。改变箱柜的状态会影响其中的所有元件。此外，箱柜还能够向其中包含的元件发送总线消息。

管道（Pipeline）是一种特殊的 Bin，其主要功能是对内部所有元件进行管理和控制。和一般的 Bin 不同，管道有一个输入和一个输出，表示数据从输入端进入，经过一系列处理后从输出端输出。管道还可以用于构建复杂的应用程序，例如音视频播放器或流媒体处理器。

功能（Cap）描述了数据流的特性，即数据流的格式、编码方式、分辨率等信息，同时还描述了能够通过该衬垫的数据流类型和功能。

在管道运行的过程中，各个元件以及应用之间不可避免的需要进行数据消息的传输，GStreamer 提供了总线系统以及多种数据类型（缓冲区、事件、消息、查询）来达到此目的，如图 3-7 所示：

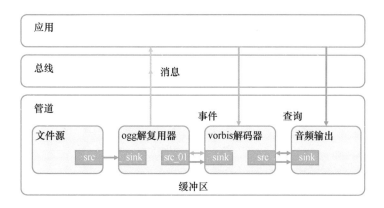

图 3-7　GStreamer 概述图

总线（Bus）是 GStreamer 内部用于将消息从内部不同的 Streaming 线程，传递到 Bus 线程，再由 Bus 所在线程将消息发送到应用程序。应用程序只需要向 Bus 注册消息处理函数，即可接收到管道中各元件所发出的消息，使用总线后，应用程序就不用关心消息是从哪一个线程发出的，避免了处理多个线程同时发出消息的复杂性。

管道会提供一个总线，这个管道上所有的元件都可以使用这个总线向应用程序发送消息。总线主要是为了解决多线程之间消息处理的问题。由于 GStreamer 内部可能会创建多个线程，如果没有总线，应用程序可能同时收到从多个线程的消息，如果应用程序在发送线程中通过回调去处理消息，应用程序有可能阻塞播放线程，造成播放卡顿，死锁等其他问题。为了解决这类问题，GStreamer 通常是将多个线程的消息发送到总线系统，由应用程序从总线中取出消息，然后进行处理。总线在这里扮演了消息队列的角色，通过总线解耦了 GStreamer 框架和应用程序对消息的处理，降低了应用程序的复杂度。

缓冲区（Buffer）用于从 Source 到 Sink 的媒体数据传输。

事件（Event）用于元件之间或者应用到元件之间的信息传递，比如播放时的 seek 操作是通过事件实现的。

消息（Message）是由元件发出的消息，通过总线，以异步的方式被应用程序处理。通常用于传递 error，tag，state change，buffering state，redirect 等消息。消息处理是线程安全的。由于大部分消息是通过异步方式处理，所以会在应用程序里存在一点延迟，如果要即时地响应消息，需要在 Streaming 线程捕获处理。

查询（Queriy）用于应用程序向 GStreamer 查询总时间、当前时间、文件大小等信息。

▶▶ 3.3.2　GStreamer 工具

GStreamer 自带 gst-inspect-1.0 和 gst-launch-1.0 等其他命令行工具，可以使用这些工具完成常见的处理任务。

（1）gst-inspect-1.0

查看 GStreamer 的 Plugin、Element 的信息。直接将 Plugin/Element 的类型作为参数，会列出其详细信息。如果不跟任何参数，会列出当前系统 GStreamer 所能查找到的所有插件。

```
gst-inspect-1.0 playbin
```

（2）gst-launch-1.0

用于创建及执行一个 Pipline，因此通常使用 gst-launch 先验证相关功能，然后再编写相应应用。

一个 Pipeline 的多个 Element 之间通过 "!" 分隔，同时可以设置 Element 及 Cap 的属性。转码代码如下。

```
gst-launch-1.0 filesrc location = sintel_trailer-480p.ogv ! decodebin name = decode !
videoscale ! "video/x-raw,width = 320,height = 240" ! x264enc ! queue ! mp4mux name = mux !
filesink location = 320x240.mp4 decode.! audioconvert ! avenc_aac ! queue ! mux.
```

播放音视频的命令行如下。

```
gst-launch-1.0 playbinuri = file:///home/gangqiang/TDA4VM/320x240.mp4
```

注意：320x240.mp4 是转码得到的文件。

这个函数能够巧妙地将 Pipeline 的文本描述转化为 Pipeline 对象，经常需要通过文本方式构建 Pipeline 来查看 GStreamer 是否支持相应的功能，因此 GStreamer 提供了 gst-launch-1.0 命令行工具，极大地方便了 Pipeline 的测试。

▶▶ 3. 3. 3　GStreamer 的使用方法

1. 安装编译

在 Ubuntu 中运行以下命令。

```
sudo apt-get installlibgstreamer1.0-dev libgstreamer-plugins-base1.0-dev libgstreamer-
plugins-bad1.0-dev gstreamer1.0-plugins-base gstreamer1.0-plugins-good gstreamer1.0-plu-
gins-bad  gstreamer1. 0-plugins-ugly  gstreamer1. 0-libavgstreamer1. 0-doc  gstreamer
1.0-tools gstreamer1.0-x gstreamer1.0-alsagstreamer1.0-gl gstreamer1.0-gtk3 gstreamer
1.0-qt5 gstreamer1.0-pulseaudio
```

2. Hello World 示例

在 Ubuntu 中，创建 basic-tutorial-1.c 文件，源代码如下。

```
#include <gst/gst.h>
int main (intargc, char * argv[])
{
GstElement * pipeline;
GstBus * bus;
GstMessage * msg;

  /* InitializeGStreamer */
gst_init (&argc, &argv);

  /* Build the pipeline */
  pipeline =
gst_parse_launch("playbi
nuri=https://www.freedesktop.org/software/gstreamer-sdk/data/media/sintel_trailer-
480p.webm", NULL);

  /* Start playing */
gst_element_set_state (pipeline, GST_STATE_PLAYING);

  /* Wait until error or EOS */
  bus = gst_element_get_bus (pipeline);
  msg = gst_bus_timed_pop_filtered (bus, GST_CLOCK_TIME_NONE,
    GST_MESSAGE_ERROR | GST_MESSAGE_EOS);
```

```
  /* Free resources */
  if (msg != NULL)
gst_message_unref (msg);
gst_object_unref (bus);
gst_element_set_state (pipeline, GST_STATE_NULL);
gst_object_unref (pipeline);
  return 0;
}
```

在该文件的创建目录下，打开终端，执行以下命令编译得到可执行程序。

```
gcc basic-tutorial-1.c -o basic-tutorial-1 `pkg-config --cflags --libsgstreamer-1.0`
```

编译成功后，得到可执行文件。

执行以下可执行程序。

```
./basic-tutorial-1
```

执行 basic-tutorial-1，会在弹出的窗口中，自动读取服务器上的 sintel_trailer-480p.webm 视频文件并播放。如果网络环境不理想，在播放的过程中会经常处理缓冲状态，造成播放卡顿。

3. 源码分析

（1）GStreamer 初始化

```
/* InitializeGStreamer */
gst_init (&argc, &argv);
```

首先调用 GStreamer 的初始化函数，该初始化函数必须在其他 GStreamer 接口之前被调用，gst_init 负责以下资源的初始化。

- 初始化 GStreamer 库。
- 注册内部 Element。
- 加载插件列表，扫描列表中及相应路径下的插件。
- 解析并执行命令行参数。

在不需要 gst_init 处理命令行参数时，可以将 NULL 作为其参数，例如：gst_init（NULL，NULL）。

（2）创建管道（Pipeline）

```
/* Build the pipeline */
pipeline = gst_parse_launch ("playbin uri=https://www.freedesktop.org/software/
gstreamer-sdk/data/media/sintel_trailer-480p.webm", NULL);
```

这一行代码是示例中的核心逻辑，展示了如何通过 gst_parse_launch 创建一个 playbin 的管道，并设置播放文件的 URI。

1）gst_parse_launch。在管道中，首先通过数据元件获取媒体数据，然后通过一个或多个元件对编码数据进行解码，最后通过接收器元件输出声音和画面。通常在创建较复杂的管道时，需要通过 gst_element_factory_make 来创建元件，然后将其加入到 GStreamer Bin 中，并连接起来。当管道比较简单并且不需要对管道中的元件进行过多的控制时，可以采用 gst_parse_launch 来简化管道的创建。

这个函数能够巧妙地将管道的文本描述转化为管道对象，经常需要通过文本方式构建管道来查看 GStreamer 是否支持相应的功能，因此 GStreamer 提供了 gst-launch-1.0 命令行工具，极大地方便了管道的测试。

2）playbin。管道中需要添加特定的元件以实现相应的功能，在本例中，通过 gst_parse_launch 创建了只包含一个元件的管道。

刚刚提到管道需要有数据和接收器元件，这里只需要一个 playbin 就足够的原因是 playbin 元件内部会根据文件的类型自动去查找所需要的"Source""Decoder""Sink"并将它们连接起来，同时提供了部分接口用于控制管道中相应的元件。

在 playbin 后，紧跟一个 URI 参数，指定了想要播放的媒体文件地址，playbin 会根据 URI 所使用的协议（"https://""ftp://""file://"等）自动选择合适的数据元件（此例中通过 https 方式）获取数据。

（3）设置播放状态

```
/* Start playing */
gst_element_set_state (pipeline, GST_STATE_PLAYING);
```

这一行代码引入了一个新的概念"状态"（State）。每个 GStreamer 元件都有相应的状态，目前可以简单地把状态与播放器的播放/暂停按钮联系起来，只有当状态处于 PLAYING 时，管道才会播放/处理数据。

这里 gst_element_set_state 通过管道，将 playbin 的状态设置为 PLAYING，使 playbin 开始播放视频文件。

（4）等待播放结束

```
/* Wait until error or EOS */
bus = gst_element_get_bus (pipeline);
msg = gst_bus_timed_pop_filtered (bus, GST_CLOCK_TIME_NONE, GST_MESSAGE_ERROR |GST_
MESSAGE_EOS);
```

这几行代码会等待管道播放结束或者播放出错。GStreamer 框架会通过总线将所发生的事件通知到应用程序，因此，这里首先取得管道的总线对象，通过 gst_bus_timed_pop_filtered 以同步的方式等待总线上的 ERROR 或 EOS（End of Stream）消息，该函数收到消息后才会返回。

到目前为止，GStreamer 会处理视频播放的所有工作（数据获取、解码、音视频同步、输出）。当到达文件末端（EOS）或出错（直接关闭播放窗口，断开网络）时，播放会自动停止。也可以在终端通过快捷键〈Ctrl+C〉中断程序的执行。

（5）释放资源

```
/* Free resources */
if (msg != NULL)
gst_message_unref (msg);

gst_object_unref (bus);
gst_element_set_state (pipeline, GST_STATE_NULL);
gst_object_unref (pipeline);
```

这里将不再使用的 msg 和 bus 对象进行销毁，并将管道状态设置为 NULL（在 NULL 状态时，GStreamer 会释放为管道分配的所有资源），最后销毁管道对象。由于 GStreamer 是继承自 GObject，所以需要通过 gst_object_unref 来减少引用计数，当对象的引用计数为 0 时，函数内部会自动释放为其分配的内存。

不同接口会对返回的对象进行不同的处理，需要详细地阅读 API 文档，来决定是否需要对返回的对象进行释放。

▶▶ 3.3.4 编写 GStreamer 的插件

GStreamer 是用于创建流媒体应用程序的框架。

GStreamer 的核心功能是为插件、数据流和媒体类型处理/协商提供框架。它还提供了一个 API，用于使用各种插件编写应用程序。

1. 构建插件模板

（1）获取 GStreamer 插件模板

目前有两种方法可以为 GStreamer 开发一个新的插件。

● 手工编写整个插件。

● 复制现有的插件模板并编写所需要的插件代码。

接下来使用第二种方法进行构建。

在 git 下载 GStreamer 插件模板，输入以下命令下载 gst-template 模板。

```
git clone https://gitlab.freedesktop.org/gstreamer/gst-template.git
```

文件结构如图 3-8 所示。

（2）获取新插件样板

创建新元素时首先要做的是指定它的一些基本信息：名称、编写者、版本号等等。还需要定义一个对象来表示元素并存储元素所需的数据。这些细节统称为样板。

图 3-8　文件结构

定义样板文件的标准方法是编写一些代码，并填写一些结构，最简单的方法是复制模板并根据需要添加功能。为了做到这一点，在/gst-plugin/tools/目录有一个工具，这个工具 make_element 是一个命令行实用程序，可以创建样板代码。

要使用 make_element，在 gst-emplate/gst-plugin/src 目录打开终端，运行 make_element 命令。make_element 的参数包括：

- 插件名字。
- 工具将使用的源文件，默认使用 gst-plugin。

例如，以下命令基于插件模板创建 MyFilter 插件，并将输出文件放在 gst-template/gst-plugin/src 目录中。

```
cd gst-template/gst-plugin/src
../tools/make_elementMyFilter
```

最后一个命令创建两个文件：gstmyfilter.c 和 gstmyfilter.h，如图 3-9 所示。

图 3-9　gstmyfilter 文件示意图

现在需要从父目录运行 meson build 来引导构建环境。之后，可以使用著名的 ninja -C build 命令构建和安装该项目。

注意：默认情况下，meson 将选择/usr/local 作为默认位置。需要将/usr/local/lib/gstreamer-1.0 添加到 GST_PLUGIN_PATH 中，以使新插件显示在从软件包安装的 GStreamer 中。

（3）检查基本代码

头文件代码如下，并在头文件中加入宏定义代码。

```
#include <gst/gst.h>
/* Definition of structure storing data for this element. */
typedef struct _GstMyFilter {
GstElement element;
GstPad * sinkpad, * srcpad;
gboolean silent;
}GstMyFilter;

/* Standard definition defining a class for this element. */
typedef struct _GstMyFilterClass {
GstElementClassparent_class;
}GstMyFilterClass;

/* Standard macros for defining types for this element.  */
//获取类型
#define GST_TYPE_MY_FILTER (gst_my_filter_get_type())
//实例类型转换
#define GST_MY_FILTER(obj) \
  (G_TYPE_CHECK_INSTANCE_CAST((obj),GST_TYPE_MY_FILTER,GstMyFilter))
//类结构转换
#define GST_MY_FILTER_CLASS(klass) \
(G_TYPE_CHECK_CLASS_CAST((klass),GST_TYPE_MY_FILTER,GstMyFilterClass))
//实例类型判定
#define GST_IS_MY_FILTER(obj) \
  (G_TYPE_CHECK_INSTANCE_TYPE((obj),GST_TYPE_MY_FILTER))
//类结构判定
#define GST_IS_MY_FILTER_CLASS(klass) \
  (G_TYPE_CHECK_CLASS_TYPE((klass),GST_TYPE_MY_FILTER))

/* Standard function returning type information. */
GTypegst_my_filter_get_type (void);
//声明
GST_ELEMENT_REGISTER_DECLARE(my_filter)
```

使用此头文件，可以使用以下宏在源文件中设置基础元素，以便调用所有 Element 函数。

```
#include "filter.h"

G_DEFINE_TYPE (GstMyFilter, gst_my_filter, GST_TYPE_ELEMENT);
GST_ELEMENT_REGISTER_DEFINE(my_filter, "my-filter", GST_RANK_NONE, GST_TYPE_MY_FIL-
TER);
```

宏组合通过调用 GST_ELEMENT_REGISTER_DECLARE 或者 GST_ELEMENT_REGISTER
（my_filter）从插件或者其他插件/应用程序注册 Element。

（4）Element 元数据

Element 元数据提供额外的 Element 信息，其调用函数为：gst_element_class_set_metadata 或者 gst_element_class_set_static_metadata。

配置参数如下。

- Element 的长英文名称。
- Element 的类型。
- Element 用途的简要说明。
- Element 作者的姓名，（可选）后跟尖括号中的联系人电子邮件地址。

例如：

```
gst_element_class_set_static_metadata (klass,
"An example plugin",
"Example/FirstExample",
"Shows the basic structure of a plugin",
"your name <your.name@ your.isp>");
```

Element 详细信息在初始化期间注册到插件，函数为：_class_init()，这是 GObject 系统的一部分。要在 GObject 中设置该函数，需使用 GLib 注册该类型。

例如：

```
static void
gst_my_filter_class_init (GstMyFilterClass * klass)
{
GstElementClass * element_class = GST_ELEMENT_CLASS (klass);

[..]
gst_element_class_set_static_metadata (element_class,
"An example plugin",
"Example/FirstExample",
"Shows the basic structure of a plugin",
"your name <your.name@ your.isp>");
}
```

GstStaticPadTemplate 是 Element 创建和使用 Pad 的描述，包含了以下信息。

- Pad 的简称。
- Pad 的描述。
- 存在的属性。
- Element 支持的类型（Caps）。

例如：

```
static GstStaticPadTemplatesink_factory =
GST_STATIC_PAD_TEMPLATE (
"sink",
  GST_PAD_SINK,
  GST_PAD_ALWAYS,
  GST_STATIC_CAPS ("ANY")
);
```

Pad Template 在函数中被注册。在这个函数中，需要一个句柄来创建静态 Pad Template。相关函数：_class_init( )、gst_element_class_add_pad_template( ) 、GstPadTemplategst_static_pad_template_get( )。

使用 Element 函数中从静态 Template 创建 Pad。为了使用 Template 创建新的 Pad，需要声明 Pad Template 为全局变量。

```
static GstStaticPadTemplatesink_factory = [..],
src_factory = [..];

static void
gst_my_filter_class_init (GstMyFilterClass * klass)
{
GstElementClass *element_class = GST_ELEMENT_CLASS (klass);
[..]

gst_element_class_add_pad_template (element_class,
gst_static_pad_template_get (&src_factory));
gst_element_class_add_pad_template (element_class,
gst_static_pad_template_get (&sink_factory));
}
```

Template 中的最后一个参数是它的类型或支持的类型列表。在此示例中，使用"ANY"意味着该 Element 将接收所有输入。在实际使用时，可以设置一个媒体类型和一组可选的属性，以确保只有受支持的输入才会进入。这个表示应该是一个以媒体类型开头的字符串，然后是一组逗号分隔的属性及其支持的值。如果音频过滤器支持任何采样率的原始整数 16 位音频、单声道或立体声，正确的 Template 应如下所示：

```
static GstStaticPadTemplatesink_factory =
GST_STATIC_PAD_TEMPLATE (
"sink",
  GST_PAD_SINK,
  GST_PAD_ALWAYS,
  GST_STATIC_CAPS (
"audio/x-raw, "
```

```
"format = (string) " GST_AUDIO_NE (S16) ", "
"channels = (int) { 1, 2 }, "
"rate = (int) [ 8000, 96000 ]
  )
);
```

花括号（"{"和"}"）包围的值是列表，方括号（"["和"]"）包围的值是范围。也支持多组类型，并且应该用分号（";"）分隔。

（5）构造函数

每个 Element 都有两个用于构造 Element 的函数，如下所示。

- _class_init( )。
- _init( )。

_class_init( )函数仅用于初始化 class（指定类具有哪些信号、参数和虚函数并设置全局状态）；_init( )函数用于初始化此类型的特定实例的函数。

（6）plugin_init 函数

一旦编写了定义插件所有部分的代码，就需要编写 plugin_init( )函数。这是一个特殊的函数，它在插件加载后立即被调用，并且应该返回 TRUE 或 FALSE，具体取决于它是否正确加载了任何依赖项。此外，在此函数中，任何受支持的 Element 类型应在插件中被注册。

```
static gboolean
plugin_init (GstPlugin *plugin)
{
  return GST_ELEMENT_REGISTER (my_filter, plugin);
}

GST_PLUGIN_DEFINE (
  GST_VERSION_MAJOR,
  GST_VERSION_MINOR,
my_filter,
"My filter plugin",
plugin_init,
  VERSION,
"LGPL",
"GStreamer",
"http://gstreamer.net/"
  )
```

需要注意的是，plugin_init( )函数总是返回相同的结果，因为它负责初始化插件，并且其结果会被缓存。因此，plugin_init( )函数不应该包含任何可能导致不同结果的运行时条件检查，不应包含任何可能引起结果变化的运行时条件判断。这意味着，plugin_init( )函数不能根据运行时条件来决定 Element 工厂（通常指的是在软件架构中用于创建和管理特定类型元素（Element）的工厂类或机制）是否可用。

如果一个 Element 在特定条件下才能正常工作（比如声卡未被其他进程占用），这种条件限制应该通过 Element 的状态来体现。具体来说，当 Element 因条件不满足而无法进入 READY 状态时，应该明确表示其不可用，而不是由 plugin_init（）函数来阻止插件的加载。简而言之，plugin_init（）函数应保持结果的一致性，而 Element 的可用性应由其自身的状态来决定。

2. 创建 Pad

Pad 是数据进出元素的端口，因此 Pad 是 Element 创建过程中非常重要的项目。在模板代码中，可以看到静态 Pad Templates 如何将 Pad Templates 注册到 Element class。在这里，将看到如何创建实际 Element，使用 _event（）函数来配置特定格式以及如何注册函数以让数据流经Element。

在 Element _init（）函数中，由 Pad Templates 创建 Pads（其中 pad templates 在_class_init（）函数的 Element class 中注册）。创建 Pads 后，必须设置一个_chain（）函数指针，它将接收和处理 Sink Pad 上的输入数据。还可以选择设置 _event（）函数指针和 _query（）函数指针。Pad 也可以在循环模式下运行，这意味着它们可以自己提取数据。使用 Element 注册 Pad，代码如下：

```
static void
gst_my_filter_init (GstMyFilter *filter)
{
  /* pad through which data comes in to the element */
  filter->sinkpad = gst_pad_new_from_static_template (
&sink_template, "sink");
  /* pads are configured here with gst_pad_set_*_function() */

gst_element_add_pad (GST_ELEMENT (filter), filter->sinkpad);

  /* pad through which data goes out of the element */
  filter->srcpad = gst_pad_new_from_static_template (
&src_template, "src");
  /* pads are configured here with gst_pad_set_*_function() */

gst_element_add_pad (GST_ELEMENT (filter), filter->srcpad);

  /* properties initial value */
  filter->silent = FALSE;
}
```

（1）_chain（）函数

_chain（）函数是进行所有数据处理的函数。在简单过滤器的情况下，_chain（）函数大多是

线性函数，因此对于每个传入缓冲区，也会有一个缓冲区流出。下面是一个非常简单的_chain ( )
函数实现：

```
static GstFlowReturngst_my_filter_chain (GstPad * pad,GstObject * parent,GstBuffer
* buf);
[..]
static void
gst_my_filter_init (GstMyFilter * filter)
{
[..]
  /* configure chain function on the pad before adding
   * the pad to the element */
gst_pad_set_chain_function (filter->sinkpad,
gst_my_filter_chain);
[..]
}
static GstFlowReturn
gst_my_filter_chain (GstPad * pad,GstObject * parent,GstBuffer * buf)
{
GstMyFilter * filter = GST_MY_FILTER (parent);
  if (!filter->silent)
g_print ("Have data of size %" G_GSIZE_FORMAT" bytes! \n",
gst_buffer_get_size (buf));
  return gst_pad_push (filter->srcpad, buf);
}
```

　　显然，上述内容并没有多大用处。因为通常不会打印数据所在的位置，而是在那里处理数据。但是需要注意，缓冲区并不总是可写的。

　　在更高级的 Element（进行事件处理的 Element）中，可能需要额外指定一个事件处理函数，以下是如何实现和处理一些常见事件的示例。

　　首先，定义一个初始化函数 gst_my_filter_init ( )，该函数为插件元素的接收（sink）pad 设置一个事件处理函数 gst_my_filter_sink_event ( )。然后，我们实现这个事件处理函数，以便能够响应不同的事件类型。

```
static void
gst_my_filter_init (GstMyFilter * filter)
{
[..]
gst_pad_set_event_function (filter->sinkpad,
gst_my_filter_sink_event);
[..]
}
```

```
static gboolean
gst_my_filter_sink_event (GstPad * pad, GstObject * parent, GstEvent  * event)
{
GstMyFilter * filter = GST_MY_FILTER (parent);
  switch (GST_EVENT_TYPE (event)) {
    case GST_EVENT_CAPS:
      /* we should handle the format here */
      break;
    case GST_EVENT_EOS:
      /* end-of-stream, we should close down all stream leftovers here */
gst_my_filter_stop_processing (filter);
      break;
    default:
      break;
  }

  return gst_pad_event_default (pad, parent, event);
}


static GstFlowReturn
gst_my_filter_chain (GstPad     * pad,
GstObject * parent,
GstBuffer * buf)
{
GstMyFilter * filter = GST_MY_FILTER (parent);
GstBuffer * outbuf;

outbuf = gst_my_filter_process_data (filter, buf);
gst_buffer_unref (buf);
  if (! outbuf) {
    /* something went wrong - signal an error */
    GST_ELEMENT_ERROR (GST_ELEMENT (filter), STREAM, FAILED, (NULL), (NULL));
    return GST_FLOW_ERROR;
  }

  return gst_pad_push (filter->srcpad, outbuf);
}
```

（2）_event 函数

_event 函数会通知数据流中发生的特殊事件（例如 caps、end-of-stream、newsegment、tags 等）。事件可以在上游和下游传播，因此可以在 Sink Pad 和 Source Pad 上接收它们。

下面是一个非常简单的事件函数——gst_my_filter_sink_event，该函数用于处理 GStreamer 管道中到达的事件。它是一个事件回调函数，用于处理通过 Sinkpad 传入的各种 GstEvent 事件，可安装在 Element 的 Sink Pad 上。

```
static gbooleangst_my_filter_sink_event (GstPad    * pad,
GstObject * parent,
GstEvent   * event);

[..]

static void
gst_my_filter_init (GstMyFilter * filter)
{
[..]
  /* configure event function on the pad before adding
   * the pad to the element */
gst_pad_set_event_function (filter->sinkpad,
gst_my_filter_sink_event);
[..]
}

static gboolean
gst_my_filter_sink_event (GstPad    * pad,
GstObject * parent,
GstEvent   * event)
{
gboolean ret;
GstMyFilter * filter = GST_MY_FILTER (parent);

  switch (GST_EVENT_TYPE (event)) {
    case GST_EVENT_CAPS:
      /* we should handle the format here */

      /* push the event downstream */
      ret = gst_pad_push_event (filter->srcpad, event);
      break;
    case GST_EVENT_EOS:
      /* end-of-stream, we should close down all stream leftovers here */
gst_my_filter_stop_processing (filter);

      ret = gst_pad_event_default (pad, parent, event);
      break;
    default:
      /* just call the default handler */
      ret = gst_pad_event_default (pad, parent, event);
      break;
```

```
    }
    return ret;
    }
```

在 GStreamer 中，当元素接收到未知或未处理的事件时，使用 gst_pad_event_default( ) 函数可以将该事件传递给管道中的下游或上游元素进行默认处理，这确保了事件不会被忽略，从而保持数据流的连贯性和管道的正常运行。

（3）_query 函数

通过_query 函数，Element 将收到它必须回复的查询。这些是诸如位置、持续时间之类的查询，还有关于 Element 支持的格式和调度模式的查询。查询可以在上游和下游传播，因此可以在接收 Pad 和源 Pad 上接收它们。

下面是一个非常简单的_query 函数，安装在 Element 的源 Pad 上。

```
static gbooleangst_my_filter_src_query (GstPad    * pad,
GstObject * parent,
GstQuery  * query);

[..]

static void
gst_my_filter_init (GstMyFilter * filter)
{
[..]
  /* configure event function on the pad before adding
   * the pad to the element */
gst_pad_set_query_function (filter->srcpad,
gst_my_filter_src_query);
[..]
}

static gboolean
gst_my_filter_src_query (GstPad    * pad,
GstObject * parent,
GstQuery  * query)
{
gboolean ret;
GstMyFilter * filter = GST_MY_FILTER (parent);

  switch (GST_QUERY_TYPE (query)) {
    case GST_QUERY_POSITION:
      /* we should report the current position */
      [...]
```

```
      break;
    case GST_QUERY_DURATION:
      /* we should report the duration here */
      [...]
      break;
    case GST_QUERY_CAPS:
      /* we should report the supported caps here */
      [...]
      break;
    default:
      /* just call the default handler */
      ret = gst_pad_query_default (pad, parent, query);
      break;
  }
  return ret;
}
```

未知查询调用默认查询处理程序 gst_pad_query_default（）。根据查询类型，默认处理程序将转发查询或简单地取消引用它。

（4）Element 状态

Element 状态描述了 Element 实例是否已初始化、是否准备好传输数据以及当前是否正在处理数据。GStreamer 中定义了以下四种状态。

- GST_STATE_NULL。
- GST_STATE_READY。
- GST_STATE_PAUSED。
- GST_STATE_PLAYING。

后文分别简称为"NULL""READY""PAUSED"和"PLAYING"。

GST_STATE_NULL 是 Element 的默认状态。在这种状态下，它没有分配任何运行时资源，没有加载任何运行时库，不能处理数据。

GST_STATE_READY 是 Element 的下一个状态。在 READY 状态下，Element 分配了所有默认资源（runtime-libraries，runtime-memory）。但是，它还没有分配或定义任何 stream-specific 资源。当从 NULL 变为 READY 状态（GST_STATE_CHANGE_NULL_TO_READY）时，元素应分配任何 non-stream-specific 资源并应加载 runtime-loadable 库（如果有）。当反过来（从 READY 到 NULL，GST_STATE_CHANGE_READY_TO_NULL）时，Element 应该卸载这些库并释放所有分配的资源。这种资源的例子是硬件设备。需要注意的是，文件通常是流，应将它们视为 stream-specific 的资源，因此，不应在此状态下分配它们。

GST_STATE_PAUSED 是 Element 准备好接收和处理数据的状态。对于大多数 Element，此状态与 PLAYING 相同。此规则的唯一例外是接收器 Element。接收器 Element 只接收一个数据缓冲区然后阻塞。此时管道已"prerolled"并准备好立即呈现数据。

GST_STATE_PLAYING 是 Element 可以处于的最高状态。对于大多数 Element，此状态与 PAUSED 完全相同，它们接受和处理事件以及带有数据的缓冲区。只有 Sink Element 需要区分 PAUSED 和 PLAYING 状态。在 PLAYING 状态下，Sink Element 实际渲染传入的数据，例如将音频输出到声卡或将视频图片渲染到图像接收器。

（5）添加属性

控制 Element 行为方式的主要方法是通过 GObject 属性。GObject 属性在_class_init( ) 函数中定义。可通过_get_property( )函数和 _set_property( ) 函数实现。如果应用程序更改或请求属性的值，这些函数将收到通知，然后可以填写该值或采取该属性所需的操作以在内部更改值。

如果希望保留一个实例变量，其中包含在 get 和 set 函数中使用的当前配置属性。需要注意的是，GObject 不会自动将实例变量设置为默认值，必须在 element 的_init( )函数中进行设置。

以下是如何使用属性的一个非常简单的示例。图形应用程序将使用这些属性，并将显示一个用户可控制的小部件，通过它可以更改这些属性。

```c
/* properties */
enum {
  PROP_0,
  PROP_SILENT
  /* FILL ME */
};

static void gst_my_filter_set_property (GObject      *object,
guintprop_id,
                         const GValue *value,
GParamSpec  *pspec);
static void gst_my_filter_get_property (GObject      *object,
guintprop_id,
GValue      *value,
GParamSpec  *pspec);

static void
gst_my_filter_class_init (GstMyFilterClass *klass)
{
GObjectClass *object_class = G_OBJECT_CLASS (klass);

  /* define virtual function pointers */
object_class->set_property = gst_my_filter_set_property;
object_class->get_property = gst_my_filter_get_property;
```

```
   /* define properties */
g_object_class_install_property (object_class, PROP_SILENT,
g_param_spec_boolean ("silent", "Silent",
"Whether to be very verbose or not",
            FALSE, G_PARAM_READWRITE | G_PARAM_STATIC_STRINGS));
}

static void
gst_my_filter_set_property (GObject      * object,
guintprop_id,
            const GValue * value,
GParamSpec   * pspec)
{
GstMyFilter * filter = GST_MY_FILTER (object);

  switch (prop_id) {
    case PROP_SILENT:
      filter->silent = g_value_get_boolean (value);
g_print ("Silent argument was changed to %s\n",
        filter->silent ? "true" : "false");
      break;
    default:
      G_OBJECT_WARN_INVALID_PROPERTY_ID (object, prop_id,pspec);
      break;
  }
}

static void
gst_my_filter_get_property (GObject      * object,
guintprop_id,
GValue      * value,
GParamSpec * pspec)
{
GstMyFilter * filter = GST_MY_FILTER (object);

  switch (prop_id) {
    case PROP_SILENT:
g_value_set_boolean (value, filter->silent);
      break;
    default:
      G_OBJECT_WARN_INVALID_PROPERTY_ID (object, prop_id,pspec);
      break;
  }
}
```

为了使该属性尽可能方便用户，应该尽可能准确地定义该属性。不仅在定义有效属性之间的范围（对于整数、浮点等），而且在属性定义中使用描述性（更好的是国际化）的字符串，如果可能的话，使用枚举和标志代替整数。GObject 文档以一种非常完整的方式进行了描述，以下是一个简短的来自 videotestsrc 的示例。

```
typedef enum {
  GST_VIDEOTESTSRC_SMPTE,
  GST_VIDEOTESTSRC_SNOW,
  GST_VIDEOTESTSRC_BLACK
} GstVideotestsrcPattern;

[..]

#define GST_TYPE_VIDEOTESTSRC_PATTERN (gst_videotestsrc_pattern_get_type())
static GType
gst_videotestsrc_pattern_get_type (void)
{
  static GTypevideotestsrc_pattern_type = 0;

  if (!videotestsrc_pattern_type) {
    staticGEnumValuepattern_types[] = {
{ GST_VIDEOTESTSRC_SMPTE, "SMPTE 100% color bars",    "smpte" },
{ GST_VIDEOTESTSRC_SNOW,   "Random (television snow)", "snow"  },
{ GST_VIDEOTESTSRC_BLACK, "0% Black",                 "black" },
{ 0, NULL, NULL },
    };

videotestsrc_pattern_type =
g_enum_register_static ("GstVideotestsrcPattern",
pattern_types);
  }

  return videotestsrc_pattern_type;
}
[..]

static void
gst_videotestsrc_class_init (GstvideotestsrcClass * klass)
{
[..]
g_object_class_install_property (G_OBJECT_CLASS (klass), PROP_PATTERN,
g_param_spec_enum ("pattern", "Pattern",
```

```
"Type of test pattern to generate",
                    GST_TYPE_VIDEOTESTSRC_PATTERN, GST_VIDEOTESTSRC_SMPTE,
                    G_PARAM_READWRITE | G_PARAM_STATIC_STRINGS));
[..]
}
```

3.4 本章小结

本章系统介绍了数据预处理的方法及过程。数据预处理是数据分析和机器学习中不可或缺的一环，它涉及对原始数据进行清洗、转换和准备，以便后续分析和建模。数据预处理的质量直接影响了后续分析和建模的结果，因此需要细致地考虑数据的特点和问题，选择合适的方法和技术进行处理。

3.5 本章习题

1. 缺失值是数据处理中常见的问题，常用的填充方法有哪些？它们各自适用于什么样的情况？

2. 异常值在数据分析中可能引入误导性的结果，解释异常值的检测和处理应该采取的策略并说明原因。

3. 重复数据可能对分析结果产生偏差，分析删除重复数据是否是合适的方法，并说明是否有其他替代方案。

4. 分类数据转换为数值数据是数据预处理中的重要步骤，讨论两种常用方法的优缺点，以及在何种情况下应该选择哪种方法。

5. 数值特征缩放对于某些机器学习算法的性能至关重要。常用的缩放方法有哪些优缺点？在什么情况下使用哪种方法更为合适？

6. 特征选择是建模过程中的重要步骤，分析选择具有什么样特性的特征能够更好地影响模型性能，并举例说明。

7. 在处理维度较低的特征空间时，常用的技术有哪些优势和劣势？它们适用于什么样的数据集？

8. 数据预处理中的第一步是数据清洗，分析数据清洗的重要性体现在哪些方面，并举例说明。

9. 数据的标准化是消除不同度量尺度影响的重要步骤。标准化对于数据分析有何益处？在何种情况下特别重要？

第4章

▶▶▶▶▶▶

AI 芯片应用开发框架

AI 芯片应用开发框架在人工智能领域中扮演着至关重要的角色。它们不仅简化了 AI 模型的设计、训练和部署过程，还为开发人员提供了强大的工具和接口，从而加速人工智能技术的应用和发展。本章将深入介绍几个常用的 AI 芯片应用开发框架，并说明它们在不同领域的应用和特点。

4.1 AI 芯片应用开发框架概述

AI 芯片应用开发框架在人工智能领域中扮演着桥梁的角色，它们将硬件与软件有机结合，为开发者提供了完善的工具和接口，使得设计、优化和部署 AI 应用变得更加可行和高效。

AI 芯片应用开发框架将 AI 芯片与软件工具、开发环境和算法模型相结合，以实现高效、可扩展的 AI 应用开发和部署。其主要设计目标是为开发者提供简单易用的工具和接口，使他们能够专注于算法和模型的设计，而不必过多关心底层的芯片架构和硬件细节。

AI 芯片应用开发框架如图 4-1 所示，有几个关键要素需要特别关注，如表 4-1 所示。首要是硬件支持，即框架需与特定 AI 芯片硬件相适配，以充分发挥性能和功耗效率的优势。不同芯片厂商可能提供自有的应用框架，或支持流行的开源框架，如 TensorFlow、PyTorch 等。其次，框架必须提供一套丰富的软件工具，包括图像和语音处理库、自动微分库、数据预处理工具等，以支持模型的开发、训练和优化。这些工具的存在有助于开发者在不同硬件架构上快速实现 AI 应用，

图 4-1　AI 芯片应用开发框架组成部分

并进行性能调优。

表 4-1　AI 应用框架的关键要素

关 键 要 素	描　　　述
硬件支持	与特定 AI 芯片硬件相适配
软件工具	图像处理库、自动微分库等
开发环境	集成开发环境或命令行界面
算法模型	支持各种常见 AI 算法模型

为了提高开发者的效率和调试能力，AI 芯片应用开发框架通常还配备了集成开发环境（IDE）或命令行界面（CLI），包括代码编辑、调试和性能分析等功能。

AI 芯片应用开发框架的另一个重要组成部分是算法模型。框架需要支持各种常见的 AI 算法模型，如卷积神经网络（CNN）、循环神经网络（RNN）等，以及相应的训练和推理算法。通过提供预训练的模型和相应的 API，使开发者能够快速构建和部署自定义的 AI 应用。

AI 芯片应用开发框架的应用领域广泛且多样。在图像识别、语音识别、自然语言处理等领域，这些框架已被广泛应用于构建高精度、高性能的模型，实现了许多令人印象深刻的应用，例如人脸识别、语音助手、机器翻译等。而在智能交通、工业自动化、医疗健康等领域，AI 芯片应用开发框架也提供了实时决策和预测的支持，以提高系统的智能程度和工作效率。

4.2　常用的 AI 芯片应用开发框架

AI 芯片应用开发框架为不同硬件平台提供了多样的工具和接口，以便加速 AI 应用的研发和部署。接下来，将详细介绍四个常用的 AI 芯片应用开发框架，分别是 TensorRT，一个基于 NVIDIA 的框架；MediaPipe，由 Google Research 开发；OpenVINO，由英特尔推出；NCNN，专为移动设备设计的开发框架。

▶▶ 4.2.1　基于 NVIDIA 的开发框架 TensorRT

TensorRT 是由 NVIDIA 研发的一款高性能推理引擎，专门为深度学习模型的优化和部署而设计。通过精确的数值计算、内存优化以及并行计算等技术手段，实现卓越的推理性能加速。NVIDIA 框架下的 TensorRT 流程如图 4-2 所示。下面将深入介绍 TensorRT 的核心原理、重要特性和应用领域，以探讨其在深度学习应用开发中的关键作用。

TensorRT 的核心原理是通过优化深度学习模型的计算图和计算流程，以及利用硬件加速器的性能特点，实现推理过程的高效运算。TensorRT 主要包含以下几个关键的优化步骤。

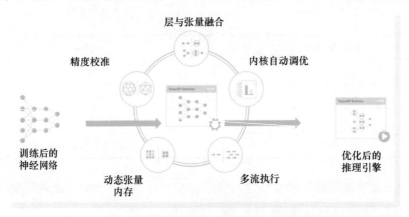

图 4-2　NVIDIA 框架下的 TensorRT 流程图

1）网络层融合（Layer Fusion）：TensorRT 有能力将多个网络层合并成一个更大的层，以降低内存访问和计算成本。

2）张量量化（Tensor Quantization）：通过减少模型中浮点数的位数，TensorRT 可以减小内存占用和计算复杂度，从而提高推理速度。

3）动态形状推断（Dynamic Shape Inference）：TensorRT 支持在运行时根据输入数据的形状自动推断网络层的输出形状，从而提高模型的灵活性和适应性。

4）内存优化（Memory Optimization）：TensorRT 使用内存重用和精确的内存布局，以减少内存占用和数据传输，从而提高模型的推理性能。

5）并行计算（Parallel Computation）：TensorRT 利用硬件加速器的并行计算能力，通过多线程和多流的方式，实现模型的高效推理。

TensorRT 拥有一系列关键特性，这使其成为深度学习应用开发中不可或缺的工具。首先，通过多种优化技术，TensorRT 实现了卓越的深度学习模型高性能推理，显著提升了模型的推理速度和效率。其次，TensorRT 支持多种主流硬件平台，包括 NVIDIA GPU、Intel CPU 和 ARM 架构等，使开发者能够在不同设备上轻松部署和运行优化模型。此外，TensorRT 提供多种部署选项，包括 C++ API、Python API 和 TensorRT Inference Server 等，为开发者提供了选择的自由，以满足各种应用需求。最后，TensorRT 与多个常见深度学习框架（如 TensorFlow 和 PyTorch）紧密集成，支持将现有模型便捷地转换为 TensorRT 优化版本，并充分利用其高性能进行推理。

TensorRT 广泛应用于各种深度学习应用的推理阶段，特别是在对实时性要求较高的场景中发挥着关键作用。以下是 TensorRT 在几个主要应用领域的突出应用。

● 计算机视觉：TensorRT 在图像分类、目标检测和图像分割等计算机视觉任务中得到广泛应用。它能够加速卷积神经网络（CNN）的推理过程，从而提高实时图像处理的速度和效率。

- 自然语言处理（NLP）：在 NLP 任务中，TensorRT 同样扮演着关键角色。它可以加速循环神经网络（RNN）和变换器（Transformer）等模型的推理，从而提升文本生成、机器翻译和语音识别等应用的性能。
- 无人驾驶和机器人技术：TensorRT 在无人驾驶和机器人领域广泛应用。它能够加速感知、路径规划和决策等任务的推理过程，实现实时的智能决策和行动。

TensorRT 的多功能性和高性能使其成为深度学习应用中不可或缺的工具，尤其是在要求快速响应和高效处理的实时应用中。

▶▶ 4.2.2　Google Research 的开发框架 MediaPipe

随着多媒体数据的爆炸性增长，对于高效处理和分析视频、音频等多媒体内容的需求也日益增加。为了简化多媒体处理和机器学习模型的开发，Google Research 开发了 MediaPipe 这一跨平台的开发框架。MediaPipe 提供了一套模块化的工具和库，使开发者能够构建高性能、实时的多媒体处理应用。

MediaPipe 的核心框架由 C++实现，并提供 Java 以及 Objective C 等语言的支持。MediaPipe 的主要概念包括数据包（Packet）、数据流（Stream）、计算单元（Calculator）、图（Graph）以及子图（Subgraph）。数据包是最基础的数据单位，一个数据包代表在某一特定时间节点的数据，例如一帧图像或一小段音频信号；数据流由按时间顺序升序排列的多个数据包组成，一个数据流的某一特定时间戳（Timestamp）只允许至多一个数据包的存在；而数据流则是在多个计算单元构成的图中流动。MediaPipe 图是有向的——数据包从数据源（Source Calculator 或者 Graph Input Stream）流入图直至从汇聚节点（Sink Calculator 或者 Graph Output Stream）离开，如图 4-3 所示。

MediaPipe 的核心原理是通过构建模块化的数据流图来实现多媒体处理任务。数据流图由多个节点组成，每个节点表示一个处理单元。节点之间通过流连接起来，数据在节点之间流动时会经过一系列的处理和转换。MediaPipe 将各种功能模块化，例如视频帧读取、图像处理、特征提取等模块，以便开发者可以根据应用需求选择和组合适当的模块。同时，MediaPipe 的数据流图支持实时处理，即数据可以按照时间顺序流动，实现对视频和音频流的实时处理。MediaPipe 充分利用多核处理器和硬件加速器的并行计算能力，通过在多个节点上并行处理数据，实现高性能和低延迟的多媒体处理。它支持多个平台，包括移动设备（Android、iOS）、嵌入式系统和桌面端，使开发者能够在不同的设备上部署和运行多媒体处理应用。

MediaPipe 具有一系列关键的特性，已成为多媒体处理和计算机视觉应用开发中的重要工具。具体特性如下。

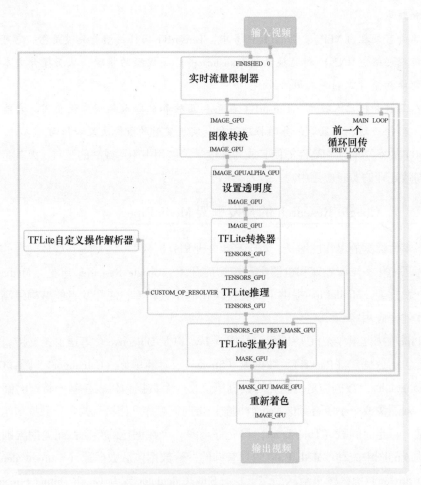

图 4-3　MediaPipe 框架下的数据流图

- 预构建模块：MediaPipe 提供了丰富的预构建模块，包括姿态估计、物体检测、语义分割等，使开发者能够快速构建复杂的多媒体处理应用。
- 灵活的模型支持：MediaPipe 支持多种机器学习框架，如 TensorFlow Lite、TFLite Micro 和 PyTorch 等，使开发者能够使用自己喜欢的框架进行模型的训练和部署。
- 轻量级和低功耗：MediaPipe 注重在移动设备等资源受限的环境下实现轻量级和低功耗的多媒体处理。它通过模块化设计和硬件加速等技术，提供高效的处理能力。
- 实时性能和稳定性：MediaPipe 专注于实时多媒体处理，通过并行处理和优化算法，提供稳定的实时性能，满足对于实时应用的严格要求。

MediaPipe 是一款强大的多媒体处理和计算机视觉应用开发框架，它在各种领域都有广泛

的应用。以下是一些主要应用领域和示例。

（1）增强现实（AR）和虚拟现实（VR）应用

实时姿态估计：AR 游戏开发公司可使用 MediaPipe 来追踪玩家的头部、手部和身体姿势，以实时让虚拟角色与现实世界互动。这使得玩家能够在游戏中自然地与虚拟角色交互，例如与虚拟宠物玩耍或在虚拟环境中进行体育运动。

人脸跟踪：VR 社交平台中，MediaPipe 被用于跟踪用户的面部表情，以在虚拟聊天中实时传递情感。这使用户能够在虚拟环境中更丰富地表达自己的情感，提高了社交互动的沉浸感。

（2）视频分析和特效

目标跟踪：视频监控公司利用 MediaPipe 来跟踪超市内的购物车，以分析购物者的行为。这有助于改进超市的布局和服务，提高销售效率。

视频特效：电影制作公司使用 MediaPipe 来识别视频中的演员，并在后期制作中添加虚拟特效。例如，可以将演员变成幽灵或在他们周围创建虚拟火焰。

（3）智能摄像头和安防监控

人脸识别：公司可使用 MediaPipe 来实现门禁系统，只有已注册的员工才能进入办公室。系统通过 MediaPipe 识别员工的脸部特征，提高了安全性。

行为分析：购物中心通过使用 MediaPipe 来监测顾客的行为。如果有异常行为，例如长时间停留在某个地方或奔跑，系统将自动发出警报。

（4）自动驾驶和机器人

场景理解：自动驾驶汽车公司可使用 MediaPipe 来识别道路上的交通标志、行人和其他车辆。这有助于汽车系统做出更明智的驾驶决策，提高了驾驶安全性。

物体检测：仓储和物流公司将 MediaPipe 集成到其机器人系统中，以帮助机器人识别货物并避免障碍物，从而提高了物流效率。

这些例子突出了 MediaPipe 在不同领域中的应用，包括增强现实和虚拟现实、视频分析和特效、智能摄像头和安防监控以及自动驾驶和机器人技术。该框架为开发者提供了丰富的工具和功能，以实现各种创新的多媒体处理和计算机视觉应用。

MediaPipe 作为 Google Research 的开发框架，为多媒体处理和计算机视觉应用的开发提供了强大的工具和平台。通过 MediaPipe 的模块化设计和优化算法，开发者可以快速构建高性能、实时的多媒体处理应用。

▶▶ 4.2.3　英特尔的开发框架 OpenVINO

随着深度学习技术的迅猛发展，对于高性能的深度学习推理解决方案的需求也不断增加。为了满足这一需求，英特尔公司开发了 OpenVINO 这一开发框架。OpenVINO 结合了硬件加速和优化算法，提供了快速、高效的深度学习推理能力。OpenVINO 是一个用于深度学习推理的解决方案，它为 TensorFlow、PyTorch 等流行框架中的视觉、音频和语言模型等提供了卓越的性能优化。此外，OpenVINO 还可以从几乎任何框架中优化深度学习模型，并将其以卓越的性能部署在多种英特尔处理器和其他硬件平台上，确保其在不同环境下的灵活应用，如图 4-4 所示。

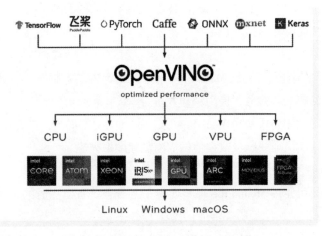

图 4-4　OpenVINO 的优化与部署

OpenVINO 的核心原理是通过深度学习模型的优化和硬件加速，实现高性能的深度学习推理。以下是 OpenVINO 的基本原理。

（1）模型优化

OpenVINO 使用模型优化技术，对深度学习模型进行剪枝、量化和融合等操作，减少模型的大小和计算量，提高推理速度和效率。例如，一个用于图像识别的深度学习模型可以通过 OpenVINO 的优化技术缩小到更小的体积，并在嵌入式设备上实现实时图像分类。

（2）硬件加速

OpenVINO 利用英特尔的硬件加速器［如英特尔© Xeon© CPU、英特尔© FPGA 和英特尔© Movidius™（VPU）等］，充分发挥硬件的计算能力，加速深度学习模型的推理过程。例如，自动驾驶车辆可以利用 OpenVINO 在英特尔 GPU 上实现实时的障碍物检测和交通标志识别。

（3）支持多种框架

OpenVINO 支持各种常见的深度学习框架，如 TensorFlow、Caffe、MXNet 等，使开发者能够将已有的模型转换为 OpenVINO 优化的模型，并利用其高性能进行推理。例如，一个基于 TensorFlow 训练的自然语言处理模型可以通过 OpenVINO 进行优化，并在边缘设备上执行实时文本分析。

（4）跨平台支持

OpenVINO 支持多个平台，包括英特尔的 CPU、GPU 和 VPU 等，使开发者能够在不同的设备上部署和运行优化的深度学习模型。例如，医疗设备制造商可以使用 OpenVINO 将肺部 X 射线图像的深度学习模型部署到不同型号的英特尔 CPU 上，以实现快速的结节检测和疾病诊断。

OpenVINO 具有一系列关键的特性，已成为深度学习应用开发中的重要工具。首先，OpenVINO 通过硬件加速和模型优化，提供高性能、低延迟的深度学习推理能力，满足对实时性要求较高的应用场景。其次，OpenVINO 提供多种部署选项，包括离线推理、在线推理和边缘计算等，适应不同的应用需求和硬件环境。然后，OpenVINO 还提供了一套模型优化工具，如模型优化器、模型转换器等，帮助开发者对深度学习模型进行优化和转换，以提高推理性能。最后，OpenVINO 具有良好的跨平台兼容性，可以与各种操作系统和硬件平台无缝集成，实现高效的深度学习推理。

OpenVINO 广泛应用于各个领域的深度学习应用开发中，以下是其几个主要应用领域：OpenVINO 可以应用于图像和视频的目标识别、物体检测及人脸识别等任务，帮助实现智能安防、人脸支付等应用场景；OpenVINO 在自动驾驶和机器人领域中具有重要作用，可以实现实时的场景理解、障碍物检测和路径规划等功能，提升自动驾驶和机器人系统的智能化水平；OpenVINO 还可以用于医疗影像分析，如肺部结节检测、疾病诊断等，提高医学影像的分析速度和准确性，辅助医生进行疾病诊断；OpenVINO 同样可用于工业控制和质量检测中的缺陷检测、产品分类等任务，帮助提高生产线的效率和质量。

OpenVINO 作为英特尔的开发框架，为深度学习模型的部署和推理提供了强大的工具和平台。通过模型优化和硬件加速的方式，OpenVINO 实现了高性能、低延迟的深度学习推理能力。

▶▶ 4.2.4 针对手机端的开发框架 NCNN

随着移动设备的普及和性能的提升，越来越多的深度学习应用开始在手机端得到广泛应用。为了满足手机端深度学习应用的需求，NCNN（Ncnn Convolutional Neural Network）作为一款专为手机端优化的开发框架应运而生，其框架如图 4-5 所示。下面将详细介绍 NCNN 的基本原理、特性和应用领域，并探讨其在手机端深度学习应用开发中的重要性。

NCNN 的设计目标是在手机端实现高效的深度学习推理。以下是 NCNN 的基本原理。

- 轻量级设计：NCNN 采用轻量级的设计，旨在减小模型的内存占用和计算量，提高在手机端的运行效率。它优化了内存管理、模型加载和计算流程，以适应手机端的资源限制。

- 低功耗优化：NCNN 注重降低功耗，通过精简计算过程、减少内存访问和优化算法等手段，降低手机端深度学习应用的能耗。

- 硬件加速支持：NCNN 充分利用手机端的硬件加速器，如 GPU、DSP 和 NPU 等，以提高深度学习模型的推理速度和效率。它针对不同硬件平台进行优化，并提供相应的接口和指令集。
- 跨平台支持：NCNN 支持多个操作系统和硬件平台，包括 Android、iOS 和 ARM 等，使开发者能够在不同手机设备上灵活部署和运行优化的深度学习模型。

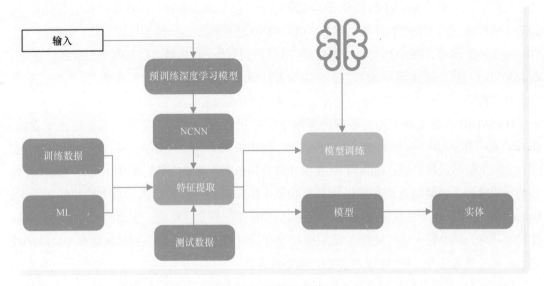

图 4-5　NCNN 框架

NCNN 具有一系列关键的特性，已成为手机端深度学习应用开发中的重要工具。首先，NCNN 可以通过轻量级设计和硬件加速支持，实现高性能的深度学习推理，能够在手机端实时处理复杂的视觉任务。其次，NCNN 支持各种常见的深度学习框架，如 Caffe、TensorFlow 和 ONNX 等，使开发者能够使用自己熟悉的框架进行模型训练和部署。然后，NCNN 提供简化的部署流程，开发者可以通过几个简单的步骤将训练好的深度学习模型转换为 NCNN 格式，并在手机端进行推理。最后，NCNN 还提供了一套模型优化工具，如模型压缩器和量化工具等，帮助开发者减小模型的体积、提高推理速度和节省内存。

NCNN 是一款在手机端深度学习应用开发中广泛应用的工具，它在多个领域都有着强大的应用潜力。以下是几个主要领域的 NCNN 应用示例。

（1）实时图像处理

实时目标检测：手机 App 可利用 NCNN 来实现实时的物体检测功能。用户可以用手机摄像头拍摄周围环境，并应用 NCNN 模型来识别和跟踪物体，如汽车、行人或动物。这种应用可用于增强现实导航、智能相机等领域。

人脸识别：社交媒体 App 可使用 NCNN 进行人脸识别，使用户能够快速标记朋友的照片，并自动识别出其中的人物。这提高了用户体验，使社交媒体更加便捷。

图像滤镜：美颜相机 App 可使用 NCNN 来实时应用各种美颜和特效滤镜。NCNN 的高性能确保了快速且流畅的图像处理，增强了用户自拍体验。

（2）移动机器人

视觉感知：在移动机器人领域，NCNN 被用于处理机器人的视觉输入，例如摄像头图像或激光雷达数据。它可以帮助机器人感知周围环境，识别障碍物、人类和其他物体。

障碍物识别：无人配送机器人公司可使用 NCNN 来识别在仓库或城市环境中的障碍物，以规划机器人的路径，确保安全的交付服务。

（3）增强现实

虚拟道具跟踪和渲染：NCNN 可以用于在增强现实应用中实时跟踪和渲染虚拟道具，如帽子、眼镜或虚拟宠物。用户可以通过手机摄像头看到虚拟物体与现实世界互动。

场景重建：户外导航 App 可使用 NCNN 来重建周围环境的三维地图，并在手机屏幕上叠加导航信息。这使用户能够更好地理解其所在位置。

（4）自动驾驶

车辆实时检测：NCNN 可用于在自动驾驶系统中实时检测周围车辆、行人和道路标志。这有助于车辆做出安全驾驶决策，提高自动驾驶系统的感知能力。

道路识别和车道跟踪：自动驾驶汽车公司可使用 NCNN 来识别道路和车道，并跟踪车辆在道路上的位置。这是实现自动驾驶的关键组成部分。

4.3 开发框架应用示例：车牌识别

前文已经介绍了几个常见的开发框架，包括 TensorRT、MediaPipe、OpenVINO 和 NCNN。接下来将重点关注其中一个开发框架，展示如何利用该框架构建一个车牌识别系统。通过示例，读者将全面了解构建一个完整车牌识别系统的关键步骤，从数据集准备和模型训练，到车牌区域检测和识别结果展示均有涉及。同时，读者将更好地理解开发框架在计算机视觉应用中的价值和优势。

▶▶ 4.3.1 数据集

车牌检测的最终结果在很大程度上会受数据集影响，且各个国家车牌也有各自的特点，目前主流的车牌数据集包括 Zemris、Azam、AOLPE 和 CCPD，这些数据集的特点如表 4-2 所示。

表 4-2　主流的车牌数据集特点对比

数 据 集	车牌数量（张）	特 点
Zemris	510	主要为高速公路上的车辆，数量较少，覆盖不同条件的情况也少，且没有标注位置信息
Azam	850	存在倾斜、模糊、照明不好、天气不同的情况，但数目较少，没有对数据进行标注
AOLPE	4200	存在倾斜、模糊、照明不好、天气不同的情况，数量较多，含有标注信息
CCPD	283000	非监控摄像机进行拍摄，存在 9 种情况，即正常、远或近距离、光线强或弱、大倾角、小倾角、拍摄抖动、雪天雨天雾天、复杂情况和无车牌；该数据集中数据十分庞大，只包含中国蓝底车牌，图片名称中名字包含车牌的各种信息

　　根据各个数据集的特点，并结合本示例的实际应用场景，最终选择 CCPD 数据集中带有倾斜角度、低光照、远距离等特殊情况下，共 10000 张图片作为本节整体数据集的一部分，CCPD 部分数据如图 4-6 所示。

图 4-6　CCPD 数据集样例

　　CCPD 是一个国内大型车牌数据集，由中科大科研人员构造。该数据集主要在中国安徽省省会城市合肥市的多个停车场进行拍摄，并进行了人工标注。数据采集的时间段涵盖了每天的 7：30 到 22：00，总计采集了超过 2 万张车牌图像，每张图像的尺寸为 720×1160 像素×3 通道。这些图像涵盖了多种情况，包括正常情况、远距离和近距离拍摄、光线强或弱、大倾角、小倾角、拍摄抖动、雪天雨天雾天、复杂情况和无车牌，共计 9 种情况。与一些其他数据集不同，CCPD 将图像信息全部包含在图像文件名中，而不是将数据文件夹划分为图片、标签和 txt 等多个文件夹。例如，某张图片的文件名为 "0056-18＿11-304&528＿375&595-369&595＿304&573＿

310&528_375&550-0_0_21_28_26_27_15-91-26.jpg"。这个文件名可以按照 "-" 符号进行分割，共分为 7 个模块。模块一，0056 为区域；模块二，18_11 对应为水平角度 18°，竖直角度 11°；模块三，304&528_375&595 对应矩形框左上坐标（304，528）、右下坐标（375，595）；模块四，369&595_304&573_310&528_375&550 则对应四个顶点坐标，右下坐标（369，595）、左下坐标（304，573）、左上坐标（310，528）、右上坐标（375，550）；模块五，0_0_21_28_26_27_15 为车牌号码，用 "_" 分隔，第一位代表省份简称所对应的数字，各个对应关系为 {"皖"：0,"沪"：1,"津"：2,"渝"：3,"冀"：4,"晋"：5,"蒙"：6,"辽"：7,"吉"：8,"黑"：9,"苏"：10,"浙"：11,"京"：12,"闽"：13,"赣"：14,"鲁"：15,"豫"：16,"鄂"：17,"湘"：18,"粤"：19,"桂"：20,"琼"：21,"川"：22,"贵"：23,"云"：24,"西"：25,"陕"：26,"甘"：27,"青"：28,"宁"：29,"新"：30}，第二位是字母，代表市级行政区，后五位代表车牌编号，由数字和字母组成，{"A"：0,"B"：1,"C"：2,"D"：3,"E"：4,"F"：5,"G"：6,"H"：7,"J"：8,"K"：9,"L"：10,"M"：11,"N"：12,"P"：13,"Q"：14,"R"：15,"S"：16,"T"：17,"U"：18,"V"：19,"W"：20,"X"：21,"Y"：22,"Z"：23,"0"：24,"1"：25,"2"：26,"3"：27,"4"：28,"5"：29,"6"：30,"7"：31,"8"：32,"9"：33}，因而得到的车牌号为 "皖 AY534S"；模块六，91 代表车牌区域亮度信息；模块七，26 代表车牌模糊程度。这种命名方式使得 CCPD 数据集在包含详细信息的同时，也为研究人员提供了丰富的数据用于车牌识别研究和算法测试。

▶▶ 4.3.2 车牌区域检测

车牌检测是车牌识别的前提条件，只有正确检测出车牌区域才能对其进行识别，因而车牌区域检测非常重要。车牌检测属于目标检测，本书采用 YOLOv5s 作为目标检测算法，以下是关于 YOLOv5 的详细介绍。

YOLOv5（You Only Look Once v5）是一种高性能的目标检测算法，是 YOLO 系列算法的最新版本。YOLOv5 相比于之前的版本，在检测精度和速度上都有所提升，具备了更好的实时性能和准确性。下面将详细介绍 YOLOv5 的基本原理、网络结构、环境安装步骤以及训练和推理流程，并探讨其在目标检测领域的应用和发展。

YOLOv5 采用了一种单阶段的目标检测思想，即只需一次前向传播即可完成整个目标检测过程。以下是 YOLOv5 的基本原理。

- 锚框预测：YOLOv5 通过在输入图像上生成一系列锚框（Anchor Boxes），利用卷积神经网络预测每个锚框内是否包含目标物体，以及物体的位置和类别等信息。
- 多尺度检测：YOLOv5 通过引入不同尺度的特征层，从不同层级的特征图中提取目标信息。这种多尺度检测的方式使得 YOLOv5 可以同时检测不同大小的目标。

- 分类和回归损失：YOLOv5 通过分类损失和回归损失来训练模型。分类损失用于判断目标的类别，回归损失用于调整锚框的位置和尺度，以更准确地匹配目标。
- 网络结构：YOLOv5 采用了一种轻量级的网络结构，由主干网络和特征提取网络组成。主干网络负责提取图像的特征，特征提取网络用于预测目标的位置和类别等信息。

YOLOv5 的训练流程包括数据准备、模型选择、模型训练和模型评估等步骤。以下是 YOLOv5 的训练流程：首先需要准备标注好的训练数据集，包括图像和对应的标签信息。标签信息通常包括目标的位置和类别等信息。根据具体的应用需求和硬件条件，选择适合的 YOLOv5 模型版本和网络结构。其次，将准备好的数据集输入到 YOLOv5 模型中进行训练。训练过程中，通过计算损失函数，利用反向传播算法自动调整模型的权重，以提高目标检测的准确性。然后，使用验证集对训练好的模型进行评估和调优，以选择最佳的模型参数和超参数配置。最后，将训练好的 YOLOv5 模型部署到目标检测应用中，实现实时的目标检测任务。

YOLOv5 在目标检测领域有着广泛的应用和发展前景。它具备高性能的实时检测能力，适用于许多应用场景，如车牌自动识别、智能监控、自动驾驶、机器人视觉等。同时，YOLOv5 也在不断进行优化和改进。研究者通过引入注意力机制、增加网络层数和优化损失函数等方式，进一步提高 YOLOv5 的性能和鲁棒性。

YOLOv5 作为一种高性能的目标检测算法，具备实时性和准确性的双重优势。基于单阶段检测的思想和轻量级网络结构使其在目标检测领域具有广泛的应用前景。通过训练和优化流程，可以使 YOLOv5 模型在目标检测任务上取得较好的性能。随着深度学习技术的不断发展和硬件设备的进一步优化，YOLOv5 有望在实时目标检测领域发挥更大的作用，推动智能化应用的发展。

YOLOv5s 可分为四个部分，分别为 Input（输入端）、Backbone（骨干网络）、Neck（多尺度特征融合模块）和 Head（输出端），其网络结构如图 4-7 所示。

（1）Input

Input 由三部分组成，即 Mosaic、自适应锚框计算和自适应图片缩放。

Mosaic 数据增强的方式包括随机裁剪和随机缩放。通过将多个图像随机拼接在一起，实现数据集的丰富性，Mosaic 数据增强对小目标检测效果较好。

自适应锚框计算是针对不同数据集自动选择最佳锚框。YOLOv5 设置三种初始锚框，分别为 [116,90,156,198,373,326]、[30,61,62,45,59,119] 和 [10,13,16,30,33,23]。在训练过程中，网络根据初始锚框输出预测框，随后根据两者之间的差异进行反向更新。与 YOLOv3、YOLOv4 不同的地方是，YOLOv5 直接在代码中嵌入了这些功能，每次训练都会自动获取最佳锚框。

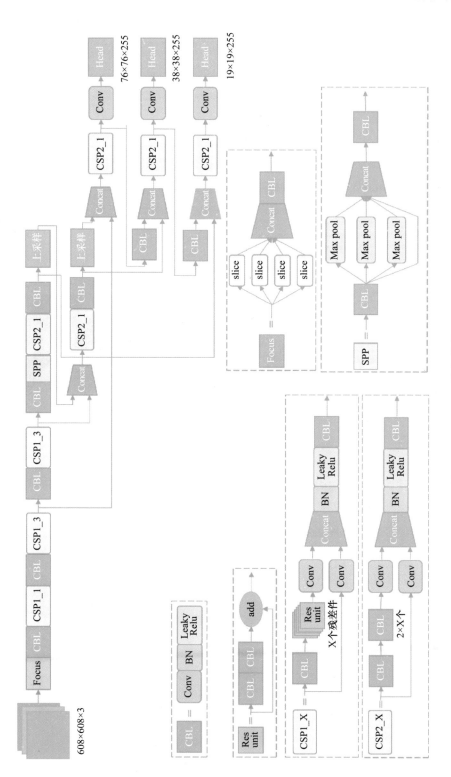

图4-7 YOLOv5s网络结构

自适应图片缩放主要是针对输入图片的尺寸进行调整，将其固定为 416×416 像素，608×608 像素等大小。然而，在实际应用中，图片的宽高比是不同的，因此在进行黑边填充时可能会导致不对称的情况，使某一边的填充区域过多，从而导致信息的冗余，同时也会增加推理时间。在 YOLOv5 代码中，作者对 dataset.py 里面的 letterbox 函数进行修改，保证填充黑边区域最小，以此来提升推理速度。

（2）Backbone

Backbone 包括 Focus 结构和跨级部分网络（Cross Stage Partial，CSP）结构。与 YOLOv3、YOLOv4 不同的是，YOLOv5 首次提出 Focus 结构。其处理图像的过程如下：首先，Focus 结构将输入大小为 608×608 像素×3 通道的图像进行 Slice 和 Concat 操作。在 Slice 操作中，每张图像都被间隔一个像素切片，以生成四张图像，同时不会丢失任何信息。接着，通过 Concat 操作，这四张图像合并成一个大小为 304×304 像素×12 通道的特征映射。最后，通过一个通道数为 32 的卷积层，得到大小为 304×304 像素×32 通道的特征映射，如图 4-8 所示。

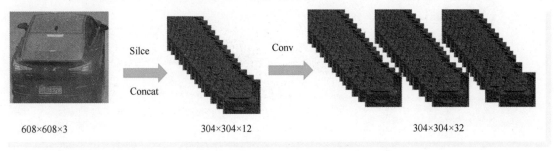

图 4-8　Focus 结构图

YOLOv5 中使用两种 CSP 结构，包括 CSP1_X 和 CSP2_X。前者用于 Backbone 中，后者用于 Neck 中，将图像拆分成两部分，一部分负责卷积 Conv 操作，一部分负责拼接 Concat 操作，以此来加强特征融合，结构如图 4-9 所示。

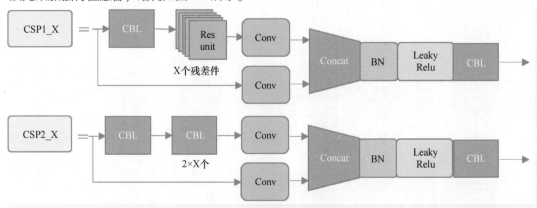

图 4-9　CSP1_X 和 CSP2_X 结构图

（3）Neck

在网络的 Neck 部分，采用了 FPN（Feature Pyramid Network）和 PAN（Pyramid Attention Network）两种结构的组合，以增强网络的特征融合能力。FPN 全称为特征金字塔网络，它通过自顶向下的方式对特征金字塔进行上采样操作，以获得多尺度的特征信息。PAN 全称为金字塔注意力网络，它则通过自底向上的下采样操作，引入注意力机制，用于提取具有不同尺度的特征信息，Neck 结构如图 4-10 所示。

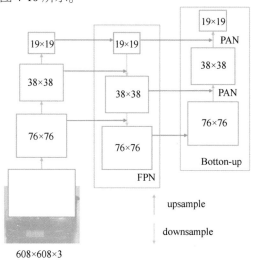

图 4-10　Neck 结构示意图

（4）Head

在 Head 部分，YOLOv5 采用三个检测头，步长分别是 8、16、32，大的特征图检测小物体，小的特征图检测大物体，每个 Head 包括 255 个通道。

YOLOv5 安装需要一些基本的环境配置和依赖项安装，以下是 YOLOv5 环境安装的详细步骤。

1）确认系统要求。首先，确保系统满足以下要求。

操作系统：Linux、Windows 或 macOS。

Python 版本：建议使用 Python 3.7 或更高版本。

2）安装 Python 环境。如果系统中没有安装 Python，按照以下步骤安装。

前往 Python 官方网站（https://www.python.org/）下载并安装最新的 Python 版本。

在安装过程中，确保将 Python 添加到系统环境变量中。

3）创建虚拟环境（可选）。为了避免与系统中已有的 Python 环境冲突，可以创建一个独立的虚拟环境。在命令行中运行以下命令创建虚拟环境：

```
python -m venvyolov5-env
```

4）激活虚拟环境（可选）。如果创建了虚拟环境，在命令行中激活它。

对于 Windows 系统：

```
yolov5-env\Scripts\activate
```

对于 Linux 和 macOS 系统：

```
source yolov5-env/bin/activate
```

5）克隆 YOLOv5 仓库。在命令行中运行以下命令来克隆 YOLOv5 的 GitHub 仓库：

```
git clone https://github.com/ultralytics/yolov5.
```

6）安装依赖项。进入克隆的 YOLOv5 目录，并运行以下命令安装所需的依赖项：

```
cd yolov5
pip install -r requirements.txt
```

7）下载预训练权重（可选）。YOLOv5 提供了一些预训练的权重文件，可以选择性地下载并使用它们。在命令行中运行以下命令下载权重文件：

```
python -c "from models import yolov5; yolov5(")"
```

至此，YOLOv5 的环境安装完成。读者可以通过运行示例代码或自定义代码来使用 YOLOv5 进行目标检测任务。需要注意的是，以上步骤仅涵盖了 YOLOv5 的基本环境安装过程。如果需要在特定硬件平台上使用 YOLOv5（如 GPU 加速），还需要进行额外的配置和安装。具体的细节可以参考 YOLOv5 的官方文档或相关资料。

本小节将简单介绍基于 YOLOv5 的车牌自动识别模型训练示例，以下是相关训练步骤。

1）数据准备。

- 收集大量包含车牌的图像数据集，并对每张图像进行标注，标注车牌的位置和类别等信息。可以使用标注工具如 LabelImg 来辅助标注。
- 将数据集划分为训练集和验证集，通常按照 8∶2 的比例进行划分。

2）安装依赖。

- 首先，按照上述步骤安装好 YOLOv5 的环境及相关依赖项。
- 进入 YOLOv5 目录，确保环境已经激活。

3）模型配置。

- 在 YOLOv5 目录中创建一个新的目录，用于存放车牌自动识别的相关文件。
- 在该目录下创建一个名为"data"的子目录，用于存放数据集和相关配置文件。
- 将训练集和验证集的图像数据放入"data"目录，并创建一个"data.yaml"的配置文件。在"data.yaml"中指定数据集路径、类别数量和类别名称等信息。

4）模型训练。

- 在 YOLOv5 目录中运行以下命令来启动模型训练：

python train.py --img 640 --batch 16 --epochs 100 --data data/data.yaml --cfg models/yolov5s.yaml --weights ' ' --name plate_detection

- 上述命令中的参数说明如下。

--img：指定训练图像的尺寸大小。

--batch：指定每个批次的图像数量。

--epochs：指定训练的迭代次数。

--data：指定数据集的配置文件路径。

--cfg：指定模型的配置文件路径，这里使用了 YOLOv5s 的配置文件。

--weights：指定预训练权重文件路径，如果没有预训练权重，则留空。

--name：指定训练过程中的保存模型的名称。

5）模型评估。

- 训练完成后，可以使用验证集对训练好的模型进行评估，计算模型在目标检测任务上的性能。

- 在 YOLOv5 目录中运行以下命令来评估模型：

python val.py --img 640 --batch 16 --data data/data.yaml --weights runs/train/plate_detection/weights/best.pt --name plate_detection

- 上述命令中的参数与模型训练中的参数类似，指定了验证集的相关配置信息和模型权重文件路径。

6）模型推理。

- 使用训练好的模型进行车牌自动识别时，可以使用 YOLOv5 提供的推理脚本。

- 在 YOLOv5 目录中运行以下命令进行推理：

python detect.py --source test.jpg --weights runs/train/plate_detection/weights/best.pt --name plate_detection --conf 0.5

- 上述命令中的参数说明如下：

--source：指定输入图像或视频的路径。

--weights：指定训练好的模型权重文件路径。

--name：指定模型的名称。

--conf：指定置信度阈值，用于过滤检测结果。

以上是基于 YOLOv5 的车牌自动识别模型训练的一个简单示例。根据实际情况，读者可能需要调整参数和配置文件，并进行适当的调整和优化，以获得更好的检测性能和准确性。

▶▶ 4.3.3　车牌识别算法

本小节将具体介绍车牌识别算法，基于多任务学习的识别算法包含图像增强网络与图像识别网络，二者共享某些权重特征，相互影响，相互促进，从而将复杂问题简单化，提高识别效果，如图 4-11 所示。

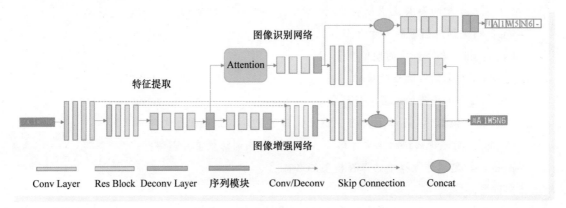

图 4-11 基于多任务学习的识别算法

在图像增强部分，本小节参考图像去模糊算法，即 SRNNet。SRNNet 是一个多尺度共享权重的网络，同时引入残差模块，以防止梯度消失问题。这些改进不仅使得模型更轻量化，还增强了模型的学习能力。

本网络在对输入图像进行一系列特征提取操作之后，进行上采样操作。上采样操作与之前的特征提取结构相对应，只是作用相反。此外，本网络还借鉴 UNet 思想，引入长短跳跃连接，以组合不同层次的信息，有助于梯度传播，并加速网络的收敛。

图像识别网络与图像增强网络共同构成基于多任务学习的车牌识别算法，其整体流程如下：首先输入 RGB 图像，进入 Inblock 模块，特征图通道数变为 32。之后经过两个 Eblock 模块，feature map（特征图）大小变为原来 1/4，通道数变为 128。然后进入图中的蓝色序列模块，该模块可由 ConvLSTM、LSTM、RNN 或 GRU 其中一种构成，后续实验会验证各个模块哪个效果最好。从序列模块之后，同时进行特征还原与图像识别，图像识别网络每一层输出与图像增强网络每一层输出进行特征融合，相互影响并互相促进。识别结果会反过来促进增强效果，而增强后的特征又会影响识别网络的输出，从而简化识别过程。

此外，本网络还考虑在识别网络上增加注意力机制模块，使得网络更加关注车牌上各个字符，减少字符识别错误的情况。多头注意力机制 MHA 结构如图 4-12 所示，MHA 将多个自注意力机制连接在一起，通过减小维度来降低计算资源的消耗。

由图 4-12 可知，若该模型的输入变量为 $X = [x_1, x_2, x_3, \ldots, x_n]$，首先，$X$ 通过线性变换得到 Q、K、V 三组向量，其中 $Q = W^q X$，$K = W^k X$，$V = W^v X$，将这三组向量分别送入线性变换层；然后把得到的输出送入缩放点积注意力（Scale Dot-Product Attention），通过该模块对 K、

Q 进行 MatMul，即相似度计算，得到相似矩阵；再对相似矩阵用 Softmax 进行归一化，将其和键值 V 进行加权求和。经过单头注意力机制之后，得到每个注意力头的输出，将这些输出进行级联操作，之后送到线性变换层，产生模型最终输出，具体公式见式（4-1）。

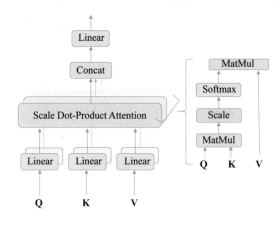

图 4-12　多头注意力机制 MHA

$$\begin{cases} Multihead(\mathbf{Q},\mathbf{K},\mathbf{V}) = Concat(head_1, head_2, \ldots head_h)W^O \\ head_i = Attention(QW_i^Q, KW_i^K, VW_i^V), i=1,2,\ldots,h \end{cases} \quad (4\text{-}1)$$

在式中，h 代表单头注意力机制堆叠的数量，$W^O \in \mathbf{R}^{hd_v \times d_{model}}$，$W_i^Q \in \mathbf{R}^{d_{model} \times d_k}$，$W_i^K \in \mathbf{R}^{d_{model} \times d_k}$，$W_i^V \in \mathbf{R}^{d_{model} \times dv}$。加入注意力机制之后整体识别网络如图 4-13 所示。

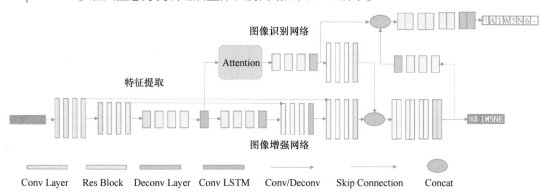

图 4-13　加入注意力机制的整体识别网络结构

▶▶ 4.3.4　模型训练

（1）训练参数设置

在深度学习模型的训练过程中，通常使用迭代法来优化模型参数，其中最常用的方法之一是梯度下降，它有助于损失函数寻找全局最小值。梯度下降包括 4 个步骤，分别是数据标准化、参数和超参数的初始化、计算损失函数关于权重和偏差的导数、更新权重和偏差。深度学习中优化器的思想来源于梯度下降，最常见的优化器有 SGD 优化器、Adam 优化器以及 Adagrad 优化器等。

训练过程中各项参数设置如表 4-3 所示，总共进行了 100 个 Epoch 的训练。鉴于 Adam 优化器相对于 SGD 优化器具有更快的训练速度，并且对初始参数设置不太敏感，因此选择 Adam 优化器。在 Adam 优化器中，指数衰减 β1 和 β2 分别设置为 0.9 和 0.999；学习率 lr 设置初始值为 0.001，权重衰减 weight_decay = 0.0005，每经过 5 个 Epoch 之后 lr 衰减 0.0005；批处理样本个数 Batch_size 设置为 32。

表 4-3 训练参数

参 数 名 称	预 设 值	参 数 含 义
Epoch	100（次）	完成一次全部数据训练的更新次数
Optimizer	Adam	优化器
lr	0.001	学习率
Batch_size	32（个）	批处理样本个数

（2）训练流程

车牌检测算法整体实现流程包含训练和测试两个阶段，如图 4-14 所示。

训练阶段，首先对输入图像进行预处理，即采用 Mosaic 增强方式。之后将图片 resize 以指定分辨率送入检测网络进行训练，每训练一轮 Epoch，生成测试集的一个模型文件。整体训练完成后，通过 best.pt 文件对网络进行测试，如果测试结果不符合要求，则可能需要进行超参数调整并重新进行训练和测试，直到满足性能要求为止。

训练过程中，测试集的各个 Loss 曲线如图 4-15 所示，因本小节只对车牌一个类别进行检测，因而分类损失 L_{CLS} 始终为 0，其他三个损失在训练 20 个 Epoch 之后下降速度变慢，但仍在下降。最终，L_{OBJ} 稳定在 0.005 左右，L_{BOX} 稳定在 0.017 左右，MSE 稳定在 0.025 左右。

训练过程中，mAP 变换曲线如图 4-16 所示，在 20 个 Epoch 之后，mAP 值上升速度变慢，

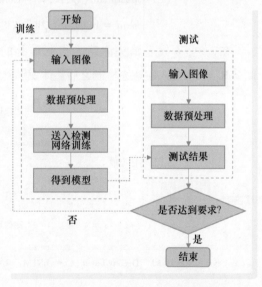

图 4-14 车牌检测算法流程图

直到第 100 个 Epoch 时, mAP 稳定在 97% 左右。

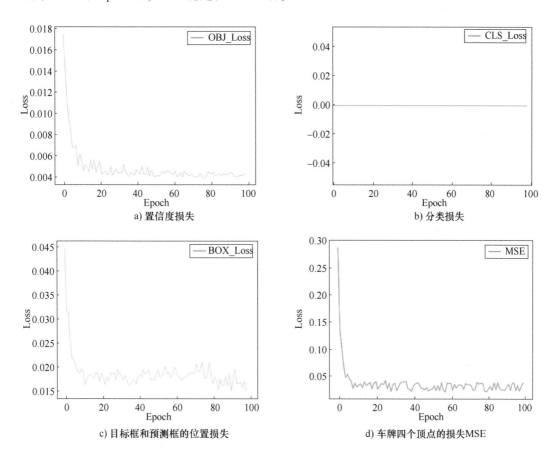

a) 置信度损失   b) 分类损失

c) 目标框和预测框的位置损失   d) 车牌四个顶点的损失MSE

图 4-15 各个 Loss 曲线

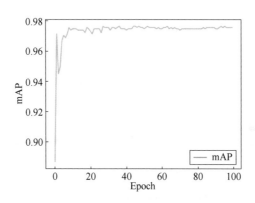

图 4-16 mAP 变换曲线

▶▶ 4.3.5 模型部署

（1）训练参数设置

在 PC 端，训练得到的模型通常采用浮点数表示，即 FP32，该类模型占用内存较大，且推理速度较慢。因此，为了面向实际部署，需要使用 TensorRT 进行网络优化和精度降低，以此来减少推理时间，整体流程图如图 4-17 所示。将 PC 端训练得到的权重文件（.pt 文件）转为.onnx 文件，经过 TensorRT 后，得到.engine 文件，从而完成加速过程。

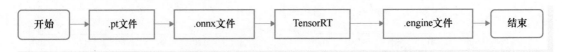

图 4-17　基于 TensorRT 的推理流程图

TensorRT 转换和部署模型的五个基本步骤如图 4-18 所示，分别为导出模型、选择批量大小、选择数据精度（可供选择的有 FP32、FP16 和 INT8）、转换模型（采用 ONNX 格式）以及部署模型。

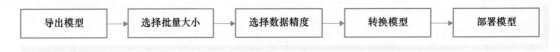

图 4-18　TensorRT 转换和部署模型步骤

TensorRT 有两种优化方式，分别为对网络结构优化和降低数据精度，下面分别介绍其优化过程。

（2）网络结构优化

针对第四章和第五章的检测识别模型，在部署时，每一层的运算都在 GPU 上完成。GPU 通过启动 CUDA 核心执行操作，这些核心在计算 Tensor 时非常高效。然而，对于层数较多的网络，每次启动 CUDA 核心以及对每一层输入/输出 Tensor 的读写都需要时间，这可能导致内存带宽瓶颈和 GPU 资源浪费。因此，在本小节中，采用 TensorRT 的方法来优化网络结构，以减少层数和 CUDA 核心的数量，从而使模型更快速和高效。横向合并结构如图 4-19 所示，把 Conv、Bias 和 ReLU 层合并成一个 CBR 结构；纵向合并结构如图 4-20 所示，将相同的层合并成一个更宽的层。

（3）降低数据精度

深度学习模型在多 GPU 上训练时采用的数据格式通常都是浮点型，即 FP32。但是在 NX

上进行推理时不需要反向传播，因此可以推理数据精度可以适当降低，如 FP16 和 INT8，表 4-4 展示不同数据类型取值动态范围。

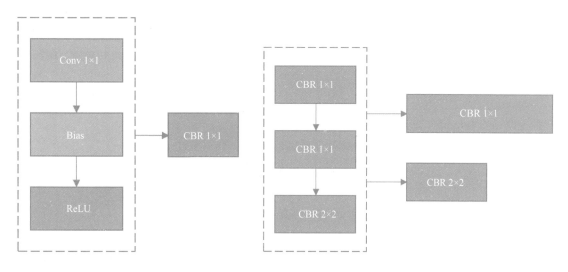

图 4-19　横向合并　　　　　　　　　　　　图 4-20　纵向合并

表 4-4　不同数据类型取值动态范围

精　　度	动 态 范 围
FP32	$-3.4\times10^{38}\sim3.4\times10^{38}$
FP16	$-65504\sim65504$
INT8	$-128\sim127$

（4）测试结果及分析

与 PC 端相比，嵌入式设备的内存较小，训练模型的速度较慢。因而本章将不再重新训练模型，而是将第四章和第五章训练好的模型移植到 NX 设备上。首先在 PC 端得到检测和识别的最优模型，然后在 NX 上进行推理运算。对包含各个视频时段截取的 200 张图像进行测试，测试评价指标包含准确率 Accuracy（%）和推理时间 Inference Time（ms）。检测模型和识别模型在 TensorRT 优化前后对比分别如表 4-5 和表 4-6 所示。

表 4-5　检测模型 TensorRT 推理前后模型对比

	数据类型	推理时间（ms）	准确率（%）
原始	FP32	23	98.16
加速后	FP16	12	96.62

表 4-6　识别模型 TensorRT 推理前后模型对比

	数 据 类 型	推理时间（ms）	准确率（%）
原始	FP32	120	97.34
加速后	FP16	65	96.21

由表 4-4 可知，经过 TensorRT 加速后，检测模型在推理时间上相较于在 NX 上直接测试减少了 11ms，但准确率降低了 1.54%；由表 4-5 可知，识别模型经过 TensorRT 加速之后，推理时间相较于直接在 NX 上测试推理时间减少 55ms，但准确率降低 1.13%。

结果展示效果如图 4-21 所示，当前视频/图像显示区共检测到四辆汽车，其中有两个有效的车牌。检测区域里是两张车牌拼接在一起的一张图像，车牌颜色均为蓝色。

在整体结果展示中分别选择白天和晚上两种场景进行验证，部分检测识别结果如图 4-22 和

图 4-21　结果展示

图 4-23 所示，从图中可以看出，无论是白天还是夜晚，对于高位摄像机拍摄到的数据，均对车牌完成正确框选，对车牌字符完成准确识别，基本无车牌识别错误的情况。

图 4-22　部分白天场景测试图

图 4-23　部分夜晚场景测试图

本章内容包括：AI 芯片应用框架的概述、对基于 NVIDIA 的开发框架 TensorRT、Google Research 的开发框架 MediaPipe、英特尔的开发框架 OpenVINO 的介绍，以及针对手机端的开发框架 NCNN 等常用框架的介绍，并介绍了基于开发框架（TensorRT）的应用示例：车牌识别。通过本章内容，读者能够对主要的 AI 开发框架有较为全面的认识。

4.5 本章习题

1. TensorFlow 是当前主流的开源机器学习框架之一，分析它的开发背景和特点如何影响其在机器学习领域的应用和发展。

2. PyTorch 以其动态图机制而闻名，相比于静态图框架，动态图在模型定义和调试上有哪些优势？这种灵活性可能会对哪些应用产生重要影响？

3. Keras 作为高级神经网络 API，为不同深度学习框架提供了统一的接口。分析这种接口的一体化对于深度学习领域的意义，以及如何促进了框架之间的协作和发展。

4. ONNX 作为通用模型表示格式，有助于在不同框架之间实现模型的迁移和部署。讨论跨框架模型表示的优势以及其在实际应用中的挑战。

5. TensorFlow Lite 专注于在移动设备和嵌入式系统上进行推理，这种专门化的版本对于边缘计算有何重要意义？在实际应用中，它可能面临哪些挑战？

6. TensorRT 是针对深度学习模型推理的高性能引擎，其与 GPU 的紧密结合为模型部署提供了什么样的优势？在实际应用中，TensorRT 的性能和适用性如何？

7. TVM 作为深度学习编译器和优化器，可以将模型部署到各种硬件设备上。分析 TVM 在优化和部署方面的特点，以及它在边缘设备部署中的潜在优势。

8. NNEF 作为深度学习模型的开放标准格式，为模型交换和部署提供了一种统一的标准。这种标准化对于深度学习生态系统的发展有何重要意义？它可能如何促进模型共享和合作？

9. TensorFlow.js 为在浏览器上进行机器学习和深度学习提供了支持，这种前端化的趋势对于机器学习社区和产业的发展有何影响？它可能在哪些领域产生重大影响？

10. Paddle 作为百度开发的深度学习框架，其支持动态图和高性能的特点如何影响其在学术界和工业界的应用和发展？

第5章

AI 芯片常用模型的训练与轻量化

AI 芯片作为支撑 AI 应用的关键硬件组成部分，扮演着至关重要的角色。本章将深入探讨 AI 芯片常用模型的训练过程以及轻量化技术应用。探讨如何在不牺牲性能的情况下，从传统的深度学习模型到最新的轻量化算法，更高效地运行这些模型，为嵌入式设备和边缘计算提供更广泛的应用。

5.1 常用的网络模型

本节将对深度学习领域经典的以及应用广泛的多种网络模型进行介绍，其中包含深度神经网络（DNN）、卷积神经网络（CNN）、残差网络（ResNet）、生成对抗网络（GAN）、循环神经网络（RNN）、长短记忆网络（LSTM）。

5.1.1 深度神经网络（DNN）

深度神经网络（Deep Neural Networks，DNN）是一类机器学习模型，也被称为人工神经网络，其输入层和输出层之间有多层神经元（也称为节点），中间的层被称为隐藏层。深度神经网络用于各种应用，例如图像和语音识别、自然语言处理以及自动驾驶。它们能够学习数据中的复杂模式和关系，特别适用于需要高精度的任务。训练 DNN 涉及使用大量标记数据进行训练，并通过反向传播过程调整网络中神经元的权重。这个过程使网络能够从错误中学习，并随着时间的推移改进其预测能力。神经网络如图 5-1 所示。

输入层（Input layer）接收原始数据或特征，并将其传递给网络的下一层。输入层的大小通常与数据的特征数量相对应。众多神经元（Neuron）接收大量输入的消息，输入的消息称为输入向量。

输出层（Output layer）是神经网络的最后一层，它生成模型的最终预测或结果。输出层的神经元数目通常与任务相关，例如，对于二分类问题，可能有一个神经元表示正类别，另一个表示负类别；对于多分类问题，每个神经元可能对应一个类别。输出的消息是网络的最终输出，通常称为输出向量，包含了模型对输入的预测或分类。消息在输出层的神经元之间进行传输、分析和加权，形成最终的输出结果。

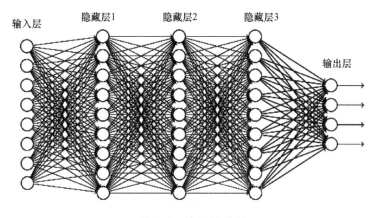

图 5-1　神经网络图

隐藏层（Hidden layer）简称"隐层"，是位于输入层和输出层之间的一层或多层神经元组成的层次结构，隐藏层的节点（神经元）数量不固定，可以根据网络的设计进行调整。更多的隐藏层和神经元可以增加网络的容量，使其能够学习更复杂的模式和特征，从而神经网络的鲁棒性（robustness）更显著。

▶▶ 5.1.2　卷积神经网络（CNN）

卷积神经网络（Convolutional Neural Network，CNN）是一类包含卷积计算且具有深度结构的前馈神经网络。卷积神经网络是受生物学上感受野（Receptive Field）的机制而提出的，它模拟了视觉皮层的神经网络结构，包括神经元的局部感受野、权重共享和汇聚操作。这些特性使得 CNN 能够有效地处理具有局部结构的数据，例如它在图像处理和计算机视觉领域取得了巨大的成功，因为它能够有效地捕捉图像中的局部特征和结构。卷积神经网络专门用来处理具有类似网格结构的数据的神经网络。例如，时间序列数据（可以认为是在时间轴上有规律地采样形成的一维网格）和图像数据（可以看作是二维的像素网格）。卷积神经网络如图 5-2 所示。

输入层和上文的例子相同，图 5-2 中最左边的图片就是需要输入的，假设尺寸是 28×28 像素×3 通道，分别对应 h×w×d，其中对于图片输入来说通常是以 RGB 三通道的形式输入，所以 d 通常是 3，如下图中的第二张图片就是后面三个通道图片相叠加而来。卷积层（Convolutional Layer）的作用是特征提取，内部包含多个卷积核，组成卷积核的每个元素都对应一个权重系数和一个偏差量。卷积核所覆盖的区域，被称为感受野（Receptive Field）。

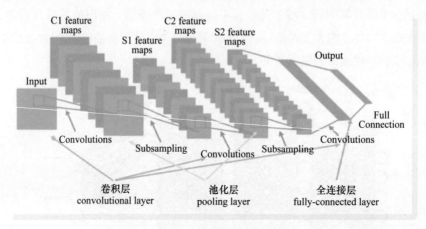

图 5-2　卷积神经网络

　　卷积层（Convolutional Layer）：卷积层是 CNN 的核心组件之一，是用于图像处理和计算机视觉任务的关键部分。它使用一组可学习的滤波器（也称为卷积核或特征映射）对输入图像进行卷积操作，每个滤波器都是一个小矩阵，通常是 3×3 或 5×5 大小的二维矩阵，包含一些权重参数。滤波器在输入图像上滑动，与输入图像的局部区域进行卷积计算。卷积操作实际上是将滤波器与输入的相应区域进行逐元素相乘，然后将所有元素相加，生成卷积结果。卷积操作会在整个输入图像上执行，产生一组输出特征图（也称为激活映射）。每个特征图对应一个滤波器，捕捉输入图像的不同特征，如边缘、纹理、颜色等。卷积层的参数是可学习的，通过反向传播算法进行优化。

　　激活函数（Activation Function）是神经网络中的一种数学函数，它接收输入信号并输出一个非线性的激活值，这个激活值通常表示神经元的输出或某个层的输出。在卷积神经网络和其他深度学习模型中，激活函数的主要作用是引入非线性性质。线性操作（例如加法和乘法）堆叠在一起仍然是线性的，因此通过激活函数将网络的输出映射到非线性空间，有助于网络捕获和表示复杂的模式和特征。常用的激活函数包括 ReLU（Rectified Linear Unit）、Sigmoid 等。

　　图 5-3a 是 ReLU 激活函数图像，从图像及其表达式（5-1）中可得出，ReLU 在输入 $x > 0$ 时，导数恒为 1，意味着在前向和反向传播时，梯度可以完全地传递到后面的层，从而缓解梯度消失的问题；而在 $x \leqslant 0$ 时，使得神经网络的中间输出产生稀疏性，一定程度上防止过拟合。ReLU 是一种常见的激活函数，它定义为 $f(x) = \max(0, x)$。它在正数值上是线性的（斜率为 1），而在负数值上为 0。ReLU 的主要优点是计算简单，已经被广泛用于深度学习模型中。

$$f(x) = \begin{cases} x & , x > 0 \\ 0 & , x \leqslant 0 \end{cases} \tag{5-1}$$

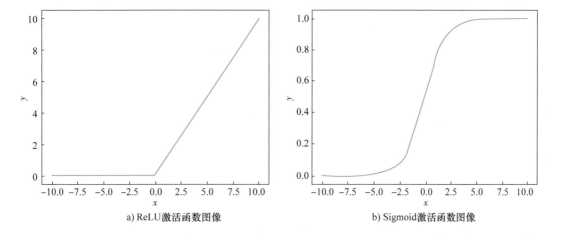

a) ReLU激活函数图像

b) Sigmoid激活函数图像

图 5-3　激活函数

图 5-3b 是 Sigmoid 激活函数图像，Sigmoid 函数将输入映射到 0 和 1 之间。Sigmoid 函数常用于二元分类问题，但在深度网络的较深层次中可能存在梯度消失的问题。Sigmoid 函数的表达式以及其导数的表达式分别见式（5-2）和式（5-3）：

$$f(x) = \frac{1}{1+e^{-x}} \tag{5-2}$$

$$f'(x) = \frac{e^{-x}}{(1+e^{-x})^2} = f(x)(1-f(x)) \tag{5-3}$$

池化层（Pooling Layer）：池化层是 CNN 中的一种层次结构，通常位于卷积层之后。其主要作用是对输入的特征图进行下采样，减小维度，同时保留重要的信息。池化层用于降低特征图的空间维度，减少计算量，并增强模型对于平移不变性的鲁棒性。常见的池化操作包括最大池化（Max Pooling）和平均池化（Average Pooling），它们分别提取池化窗口内的最大值或平均值作为池化后的值。如图 5-4 所示。

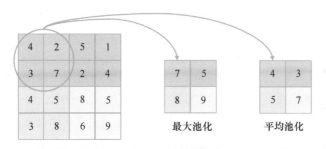

最大池化　　　　平均池化

图 5-4　池化层示意图

全连接层（Fully Connected Layer）：全连接层是神经网络中的一种层次结构，也被称为密集层（Dense Layer）或多层感知器层（Multi-Layer Perceptron Layer）。在卷积神经网络中，经过多个卷积层和池化层后，得到的特征图将被展平成一维向量，这个一维向量将作为全连接层的输入。在全连接层中，每个神经元都与前一层的所有神经元相连，每个神经元的输入是上一层所有神经元的输出。全连接层通常位于深度神经网络络的顶部，其输出被用作最终的预测或分类结果。输出层的神经元数目通常与任务相关，例如，对于二元分类问题，可以有一个输出神经元表示正类别，另一个表示负类别，如图 5-5 所示。

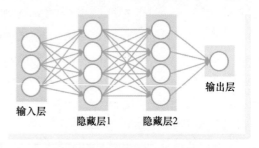

图 5-5　全连接层示意图

输入：全连接层接收来自前一层的特征图或向量作为输入。通常，在输入之前需要将特征图展平成一维向量，以便与全连接层的神经元进行连接。

权重：全连接层中的每个神经元都与前一层的所有神经元相连接，因此，每个连接都有一个对应的可学习权重参数。这些权重通过训练过程中的反向传播算法进行更新。

线性变换：对于每个神经元，全连接层会将输入与对应的权重进行线性组合。这可以用矩阵乘法运算来表示，其中输入向量与权重矩阵相乘，然后加上一个偏置向量。

输出：每个神经元的线性组合结果将作为全连接层的输出。通常被传递给下一层进行进一步处理。对于分类问题，输出层可能使用 softmax 函数将激活值转化为概率分布，以表示每个类别的概率。

激活函数：为了引入非线性性质，全连接层通常会在线性变换之后应用激活函数。常见的激活函数包括 ReLU、Sigmoid、Tanh 等。激活函数对线性组合的结果进行非线性映射，从而产生更复杂的特征表示。

▶▶ 5.1.3　残差网络（ResNet）

随着神经网络层数的增加，常常伴随着以下几个关键问题的产生：计算资源的消耗，模型容易过拟合，梯度消失/梯度爆炸。

为了应对这些挑战，残差网络（Residual Network，ResNet）应运而生。ResNet 是一种深度卷积神经网络，于 2015 年提出。ResNet 以其简洁而实用的设计原则，如今已广泛应用于物体检测、图像分割、物体识别等多个领域。ResNet 可以说是过去几年中计算机视觉和深度学习领域最具开创性的工作，有效地解决了随着网络的加深，训练集准确率下降的问题（如图 5-6 所示）。

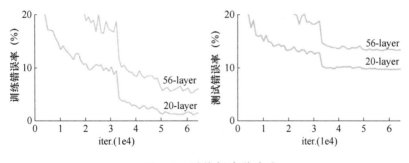

图 5-6   训练损失值变化

图 5-6 中，56 层的普通神经网络在训练集上的表现明显比 20 层的差很多，从而导致在测试集上的表现也相对较差。深度学习领域中，随着神经网络层数的增加，常伴随着梯度消失和梯度爆炸等问题的出现，这些问题会阻碍浅层网络参数的收敛。尽管通过一些参数初始化技术已经较好地解决了这些问题，但在网络深度较高的时候（例如图中的 56 层网络）仍然会出现效果变差的问题。网络的深度在图片识别中起着至关重要的作用，更深的网络可以自动学习到不同层次的特征，那到底是什么原因导致了效果变差呢？

其中，输入向量 x 首先通过一个权重层和 ReLU 激活函数；然后再次通过第二个权重层和 ReLU 激活函数，得到的输出 $F(x)$ 与原始输入 x 相加形成残差连接，这个相加操作是残差网络的核心，它允许网络学习输入和输出之间的残差映射，而不是直接学习映射本身；最后，相加的结果再通过一个 ReLU 激活函数产生最终的输出。这种结构有助于解决深层网络中的梯度消失问题，因为它允许梯度直接通过残差连接传递，从而使得深层网络的训练变得更加容易，同时这种设计也鼓励了网络学习到更有效的特征表示。

ResNet 的提出者做出了这样的假设：如果一个深层的网络在训练的时候能够学得一个浅层网络和一系列恒等映射网络的组合，这样得到的深层网络在训练的误差上是不会比这个浅层网络还要高的。因此，问题的根本原因可能在于，当网络非常深时，多层非线性网络在拟合恒等映射时会遇到困难，于是提出一种"短路"（Shortcut Connection）的模型来帮助神经网络的拟合，如图 5-7 所示。

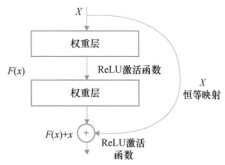

图 5-7   ResNet 结构图

▶▶ 5.1.4   生成对抗网络（GAN）

随着深度学习的快速发展，生成式模型领域也取得了显著进展。生成对抗网络（Generative Adversarial Network，GAN）是一种无监督的学习方法，它源于博弈论中的二人零和博弈理论，旨在通过对抗性学习的方式进行训练。GAN 由一个生成器网络和一个判别器网络组成，二者通过对抗性学习相互博弈，逐渐提高各自的性能，生成对抗网络结构如图 5-8 所示。近年来，GAN 成为一个炙手可热的研究方向，对抗式训练方法也逐渐渗透到深度学习的各个领域。

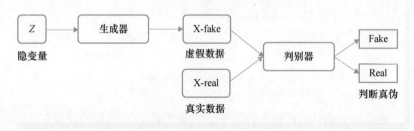

图 5-8　生成对抗网络结构图

在 GAN 中，隐变量 Z 通常为服从高斯分布的随机噪声。GAN 包括一个生成器（Generator）和一个判别器（Discriminator），两者均可采用高性能的深度神经网络结构。Z 通过生成器生成虚假数据，判别器负责判别输入的数据是生成的样本 X-fake 还是真实样本 X-real。训练过程可以用一个值函数 $V(D,G)$ 来表示，并把问题变为解决这个值函数的极小-极大问题，优化的目标函数见式（5-4）：

$$\min_G \times \max_D V(G,D) = E_{x \sim P_d(x)}\big[\log D(x)\big] + E_{z \sim P_z(Z)}\big[\log(1-D(G(z)))\big] \tag{5-4}$$

其中 D 代表判别器，G 代表生成器，对于判别器来说，这是一个二分类问题，因此常用的损失函数是交叉熵损失。对于生成器 G 来说，为了尽可能欺骗 D，需要最大化生成样本的判别概率 $D(G(z))$，即最小化 $\log(1-D(G(z)))$。Lan Goodfellow 等人表明，当生成器固定的时候，可以对 $V(D,G)$ 求导，存在唯一的最优判别器 $D(x)^*$，其表达式见式（5-5）：

$$D_G^*(x) = \frac{p_d(x)}{p_d(x) + p_g(x)} \tag{5-5}$$

把最优判别器代入上述目标函数，可以得出在最优判别器条件下，生成器的目标函数等价于优化 $p_d(x)$，$p_g(x)$ 的 JS 散度。在训练过程中生成器和判别器会不断更新自身的参数来最小化损失函数，网络通过不断地迭代训练最终会达到纳什均衡状态。

▶▶ 5.1.5　循环神经网络（RNN）

循环神经网络（Recurrent Neural Network，RNN）是一种具有循环连接的神经网络，它被广泛用于处理序列数据，如自然语言、音频、时间序列等。在 RNN 中，网络的前一时刻的输出会作为当前时刻的输入，这种循环结构使得网络可以保留前面的信息，进而处理序列数据。循环神经网络结构如图 5-9 所示。

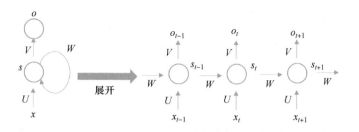

图 5-9　循环神经网络示意图

其中 x 表示输入层、o 表示输出层、s 表示隐藏层，U、V、W 表示权重参数。RNN 中的循环体通常使用一种基本单元构建，这种基本单元被称为循环单元（Recurrent Unit）。循环单元可以采用不同的形式，包括简单的线性结构（如 Elman 网络）和复杂的非线性结构（如 LSTM）。每个循环单元都有一个隐藏状态，它可以保存有关先前时刻的信息，并影响下一时刻的状态计算。在 RNN 中，由于循环结构的存在，每个隐藏状态都会对后续时刻的状态计算产生影响。因此，RNN 具有一定的记忆能力，能够捕捉到输入序列中的长期依赖关系。

RNN 的输入和输出都是序列数据，其中输入序列的每个时间步的数据被传递给隐藏层进行处理，而输出序列则是最终的网络预测结果或特征表示。RNN 的关键部分如下。

（1）输入层（Input Layer）

接收序列数据的每个时间步的输入，例如文本中的单词、音频中的音频帧等。每个时间步的输入传递到隐藏层进行处理。

（2）隐藏层（Hidden Layer）

RNN 的核心部分。它通过循环连接，使得网络能够保留先前时间步的信息，并在当前时间步中利用该信息进行处理。隐藏层中的神经元具有两个输入：当前时间步的输入和上一时间步的隐藏状态。隐藏层的计算可以分为两个步骤。

1）隐藏状态传递（Hidden State Propagation）：上一时间步的隐藏状态被传递到当前时间步，作为当前时间步隐藏层的输入。这种传递可以看作是网络记忆的一种形式，使得网络能够捕捉到序列数据的历史信息。

2）输入和隐藏状态的组合：当前时间步的输入和上一时间步的隐藏状态被组合起来，并通过激活函数进行非线性变换。这个变换的输出被传递到下一个时间步的隐藏层作为输入。

（3）输出层（Output Layer）

输出层接收隐藏层的输出，并生成每个时间步的预测结果或特征表示。输出层可以是一个全连接层、一个分类器或者其他适用于具体任务的结构。

RNN 的原理在于每个时间步的隐藏状态会随着时间的推移而传递和更新，从而允许网络在处理序列数据时考虑先前的信息。这种循环连接的机制使得 RNN 能够适应各种长度的序列，并有效处理序列数据中的时间依赖关系。

需要注意的是，标准的 RNN 在处理长序列时可能会面临梯度消失或梯度爆炸等问题，这限制了其在捕捉长期依赖关系方面的性能。为了解决这个问题，后续出现了改进的 RNN 变体，如长短期记忆网络（LSTM），以提高其在处理长序列时的表现。

▶▶ 5.1.6　长短记忆网络（LSTM）

RNN 的缺点在于对梯度消失和梯度爆炸问题的敏感性弱，并且这种敏感性随着时间的推移而降低，导致网络在处理新的输入数据时往往会遗忘初始输入信息。这个问题在长序列数据处理中尤为明显。为了解决这个问题，长短时间记忆网络（Long Short-Term Memory，LSTM）应运而生，它是最早被提出的 RNN 门控算法，引入了三个关键的门控单元：输入门（Input Gate）、遗忘门（Forget Gate）和输出门（Output Gate）。这些门控单元允许网络有选择地记住和遗忘信息，并通过在其循环连接中提供记忆块来有效地处理长序列数据。这样，LSTM 能够更好地捕捉时间序列中的长期依赖关系，使其在许多任务中表现出色。长短记忆网络的网络结构如图 5-10 所示。

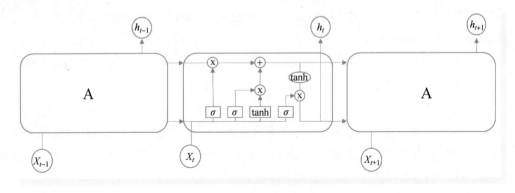

图 5-10　长短记忆网络的网络结构

LSTM 由多个重复的 LSTM 模块组成，包括输入门（Input Gate）、遗忘门（Forget Gate）、输出门（Output Gate）、细胞状态（Cell State）和隐藏状态（Hidden State）。下面详细介绍每个模块的功能和原理。

输入门（Input Gate）：输入门决定了当前时刻的输入信息中哪些部分应该被纳入细胞状态。它的计算过程如下，首先，输入门通过线性变换（权重矩阵乘法）将当前时刻的输入和前一时刻的隐藏状态结合在一起。然后，应用 Sigmoid 函数产生一个 0~1 之间的值，表示当前输入的重要性。同时，通过另一个线性变换和 tanh 激活函数，产生一个新的候选值（Candidate

Value)，表示待更新的信息。最后，输入门的输出是将 Sigmoid 输出与 tanh 输出相乘，用来更新细胞状态的一部分。

遗忘门（Forget Gate）：遗忘门决定了前一时刻的细胞状态中有多少信息会被保留下来。它的计算过程如下，首先，遗忘门接收当前时刻的输入和前一时刻的隐藏状态，进行线性变换。这个线性变换通过权重矩阵的乘法来实现，以考虑输入和前一时刻的隐藏状态的影响。然后，应用 Sigmoid 函数产生一个 0~1 之间的值，这个值表示前一时刻细胞状态中的信息保留程度，值接近 1 表示保留，值接近 0 表示遗忘。最后，遗忘门的输出会与细胞状态相乘，从而实现对细胞状态的部分遗忘。

输出门（Output Gate）：输出门决定了当前时刻隐藏状态中有多少信息会被输出。它的计算过程如下，首先，输出门通过对当前时刻的输入和前一时刻的隐藏状态进行线性变换。然后，应用 Sigmoid 函数产生一个 0~1 之间的值，表示当前隐藏状态中的信息输出程度。同时，将当前时刻的细胞状态应用 tanh 函数进行变换，得到一个新的候选值。最后，输出门的输出是将 Sigmoid 输出与 tanh 输出相乘，用来更新当前时刻的隐藏状态。这一步将通过输出门控制的信息与 tanh 输出相乘，从而得到最终的隐藏状态。

细胞状态（Update Cell State）：细胞状态是 LSTM 的内部状态，它会根据输入门、遗忘门和候选值进行更新。它的计算过程如下，首先，将输入门的输出和经过遗忘门处理后的前一时刻细胞状态相加，得到一个更新后的细胞状态的候选值。然后，将这个候选值作为新的细胞状态的值，从而更新了细胞状态。这一步是通过逐个元素的相加操作完成的，将前一时刻的细胞状态的相应元素与候选值的相应元素相加。

隐藏状态（Hidden State）：隐藏状态是 LSTM 的主要输出，它包含了当前时刻的序列信息。它的计算过程如下，首先，将更新后的细胞状态应用 tanh 函数进行变换，得到一个新的候选值。然后，将候选值与输出门的输出相乘，得到最终的隐藏状态。在 LSTM 中，每个 LSTM 模块接收当前时刻的输入、前一时刻的隐藏状态和细胞状态作为输入，并输出当前时刻的隐藏状态和细胞状态。通过堆叠多个 LSTM 模块，网络可以逐步捕捉输入序列的长期依赖关系。

LSTM 的优点在于它能够有效地处理长序列，并且通过门控机制能够选择性地存储和遗忘信息。这使得 LSTM 在处理自然语言处理、语音识别、机器翻译等序列任务时表现出色。需要注意的是，以上介绍的是标准的 LSTM 模块，还有一些变种的 LSTM 模块，如 Peephole LSTM、Gated Recurrent Unit（GRU）等，它们在门控机制的具体实现上有所差异，但整体的原理和功能与标准的 LSTM 类似。

▶▶ 5. 1. 7　Transformer

2017 年，Google 在论文 *Attention Is All You Need* 中提出了 Transformer 模型，通过引入自注

意力机制（Self-Attention），代替了在自然语言处理（NLP）任务中常用的循环神经网络（RNN）结构。传统的序列模型，如 RNN，在处理长序列时存在一些问题，比如难以捕捉长距离依赖关系和难以实现并行计算。相比 RNN 网络结构，Transformer 的最大优势在于能够进行高效的并行计算。Transformer 模型由编码器（Encoder）和解码器（Decoder）组成，每个模块由多个相同层的堆叠组成。编码器将输入序列映射到一系列高维特征表示，而解码器则根据编码器的输出生成目标序列。Transformer 的整体模型结构如图 5-11 所示。

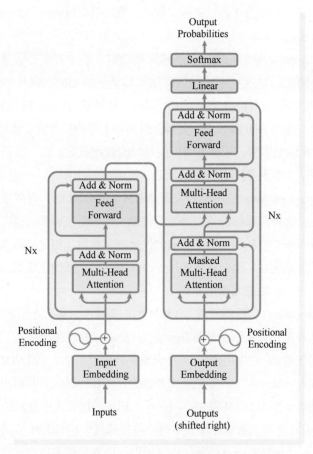

图 5-11　Transformer 模型结构

Transformer 模型结构采用了一种非常简洁而强大的设计，主要分为编码器和解码器。编码器和解码器的结构非常类似。编码器从下向上：输入序列先经过输入嵌入层（Input Embedding Layer），加上位置编码（Positional Encoding），在经过多头注意力（Multi-Head Attention）之后再进行层归一化（Layer Normalization），最后再经过前馈神经网络（Feed-Forward Neural Network），再次地层归一化。其中位置编码、多头注意力和前馈神经网络组成的块称为一个

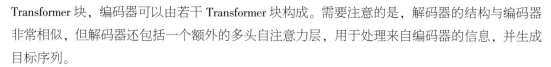

Transformer 块，编码器可以由若干 Transformer 块构成。需要注意的是，解码器的结构与编码器非常相似，但解码器还包括一个额外的多头自注意力层，用于处理来自编码器的信息，并生成目标序列。

在自注意力机制中，模型可以根据输入序列的不同位置之间的关系，动态地计算每个位置对其他位置的注意力权重。这种机制使得模型能够同时关注输入序列中的不同部分，从而捕捉全局上下文信息。除了自注意力机制，Transformer 还引入了残差连接和层归一化等技术，以提高模型的训练效果和稳定性。Transformer 模型的训练过程通常使用基于随机梯度下降的优化算法，并结合掩码技术，以便在解码器端预测时只依赖于已生成的部分序列。

由于其卓越的性能和并行计算的能力，Transformer 模型已成为自然语言处理领域的主要架构，并在机器翻译、文本摘要、问答系统等任务中取得了显著的成果。同时，基于 Transformer 的预训练模型，如 BERT、GPT 等，也在各个领域产生了重大影响。

Transformer 模型由编码器（Encoder）和解码器（Decoder）两个主要模块组成。下面将详细介绍每个模块的功能和原理。

编码器（Encoder）：编码器的主要任务是将输入序列映射为一系列高维特征表示，由多个相同层的堆叠组成。

自注意力层（Self-Attention Layer）：自注意力机制是 Transformer 的核心，能够对输入序列中的不同位置之间的关系进行建模。自注意力层通过计算每个位置与其他位置的注意力权重，来对每个位置的特征进行加权求和。具体步骤如下。

1）输入序列经过线性变换得到查询（Query）、键（Key）和值（Value）的表示。

2）计算查询与键的相似度得到注意力权重。

3）根据注意力权重对值进行加权求和，得到自注意力输出。

4）进行残差连接和层归一化操作，以确保信息流的稳定性。

前馈神经网络层（Feed-Forward Network）：前馈神经网络层对自注意力输出进行非线性变换。它由两个线性变换和一个激活函数组成。具体步骤如下。

1）第一个线性变换将特征维度映射到一个较高的维度。

2）经过激活函数进行非线性变换。

3）最后，再映射回原来的维度。

编码器将输入序列经过多个自注意力层和前馈神经网络层的堆叠，每个层都包含了残差连接和层归一化操作。这样，编码器能够通过多个层的非线性变换来捕捉输入序列的各种特征和关系。

解码器（Decoder）：解码器的任务是根据编码器的输出和目标序列生成模型的最终输出，也由多个相同层的堆叠组成。

自注意力层（Self-Attention Layer）：解码器的自注意力层与编码器的自注意力层类似，不同之处在于解码器的自注意力层引入了掩码机制。这个掩码机制确保在解码过程中，模型只依赖于已生成的部分序列，以避免未来信息的泄露。

编码-解码注意力层（Encoder-Decoder Attention Layer）：编码-解码注意力层用于将编码器的输出与解码器当前位置之前的隐藏状态进行关联。它通过计算解码器当前位置的查询与编码器的键值对之间的相似度，来获得与编码器输出相关的上下文信息。这有助于解码器更好地理解输入序列的语境，以生成更准确的输出。

解码器的设计使其能够在生成目标序列时，充分利用编码器的信息和自身已生成的部分序列，从而提高翻译、生成等任务的性能。

▶▶ 5.1.8 大语言模型 GPT

OpenAI 的 GPT 系列模型是自然语言处理领域的重大突破。2018 年以来，OpenAI 先后发布 GPT-1、GPT-2、GPT-3、ChatGPT、GPT-4 等一系列生成式预训练模型。GPT-1 模型基于 Transformer 架构，仅保留架构中解码器部分；GPT-2 模型取消 GPT-1 中的有监督微调阶段；GPT-3 模型舍弃 GPT-2 的 zero-shot，采用 few-shot 对于特定任务给予少量样例；ChatGPT 通过采用 RLHF（人类反馈强化学习）技术，增强对模型输出结果的调节能力；2023 年发布的 GPT-4 模型拥有更为强大的多模态能力，其支持图文多模态输入并生成应答文字，可实现对视觉元素的分类、分析和隐含语义提取，表现出优秀的应答能力。

2022 年 11 月，OpenAI 发布 ChatGPT，ChatGPT 基于 GPT（Generative Pre-trained Transformer）技术，通过大量的语料训练，可以模拟人类的对话方式和思维方式，从而实现与人类的交互。ChatGPT 是 OpenAI 发布 GPT-3.5 优化后的模型和产品化体现，其背后的技术从 2018 年的 GPT-1（2018）开始，经过 GPT-2（2019），GPT-3（2020）逐渐达到里程碑式的突破，此后 2 年内 GPT-3 又经过两次重要迭代，引入 RLHF 后形成 ChatGPT，RLHF 结合了有监督微调和强化学习，以改进模型在对话生成任务中的性能。有监督微调用于学习基本的对话生成技能，而强化学习用于微调生成策略，以更好地适应人类期望和任务需求。相比于传统的聊天机器人，ChatGPT 在语言理解和回答问题方面更加准确和自然，更加符合人类的交流习惯。它的操作非常简单，用户只需输入自己想说的话，ChatGPT 就会立刻回答，涉及的领域也十分广泛，包括天气、新闻、娱乐等。ChatGPT 的训练过程分为三个步骤，如图 5-12 所示。

使用 RLHF 微调 ChatGPT 包括三个步骤。

（1）监督微调

预先训练的语言模型根据标注者管理的相对少量的演示数据进行微调，学习从选定的提示列表生成输出的监督策略（SFT 模型），代表基线模型。在这个步骤中会收集描述性数据，用来训练监督微调模型，包含数据收集和模型选择。

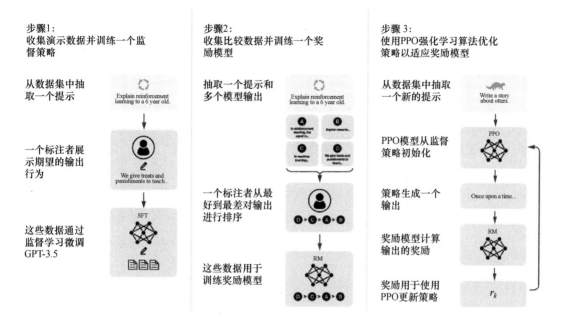

图 5-12　ChatGPT 的训练过程

- 数据收集：选择提示列表，并要求一组人工标注者写下预期的输出响应。对于 ChatGPT，使用了两种不同的提示来源，一种是直接由标注者或开发人员准备的，另一种是从 OpenAI 的 API 请求中采样的（即来自 GPT-3 客户）。由于整个过程缓慢且昂贵，因此结果是一个相对较小的高质量精选数据集（大概有 12~15k 个数据点），用于微调预训练的语言模型。

- 模型选择：ChatGPT 的开发人员没有对原始 GPT-3 模型进行微调，而是选择了 GPT-3.5 系列中的预训练模型。其使用的基线模型是最新的 text-davinci-003，是一种 GPT-3 模型，主要在编程代码上进行微调。

（2）"模仿人类偏好"

要求标注者对相对大量的 SFT 模型输出进行投票，这样就创建了一个由比较数据组成的新数据集。在此数据集上训练一个新模型，称为奖励模型（RM）。这一步骤的目的是对 SFT 模型输出进行评分，与人类对这些输出的期望程度成正比。在实践中，这将强烈反映选定的人工标注者群体的具体偏好以及他们同意遵循的共同准则。最后，这个过程将从数据中提取一个应该模仿人类偏好的自动系统。具体步骤如下。

1）选择提示列表，SFT 模型为每个提示生成多个输出（4~9 之间的任意输出）。

2）标注者将输出从最好到最差进行排序。结果是一个新的标记数据集，该数据集的大小大约是 SFT 模型使用的精选数据集的 10 倍。

3）这些新数据用于训练奖励模型（RM）。该模型将一些 SFT 模型输出作为输入，并按优先顺序对它们进行排序。

（3）通过近端策略优化（PPO）微调 SFT 模型

奖励模型用于进一步微调和改进 SFT 模型，这一步的结果就是政策模型。这一步骤不需要人工标注数据，而是利用上一阶段学习好的 RM 模型，通过 RM 打分结果来更新预训练模型参数。强化学习通过优化奖励模型来微调 SFT 策略，使用的具体算法称为近端策略优化（PPO），微调模型称为 PPO 模型。以下是 PPO 的主要特点。

- PPO 是一种用于在强化学习中训练代理的算法。它被称为"在策略"算法，因为它直接学习并更新当前的策略，而不是像 DQN（深度 Q 网络）等"离策略"算法那样从过去的经验中学习。这意味着 PPO 会根据代理正在采取的操作和收到的奖励不断调整当前的策略。

- PPO 使用信赖域优化方法来训练策略，这意味着它将策略的变化限制在与先前策略的一定距离内，以确保稳定性。这与其他策略梯度方法形成鲜明对比，其他策略梯度方法有时会对策略进行大量更新，从而破坏学习的稳定性。

- PPO 使用价值函数来估计给定状态或操作的预期回报。价值函数用于计算优势函数，该函数表示预期收益与当前收益之间的差异。然后，通过将当前策略所采取的操作与先前策略将采取的操作进行比较，使用优势函数来更新策略。这使得 PPO 能够根据所采取行动的估计价值对政策进行更明智的更新。

在这个步骤中，PPO 模型通过 SFT 模型的初始化来构建，而价值函数则通过奖励模型的初始化来建立。这个环境是一个"赌博"环境，它以随机提示的方式呈现给代理，并期望代理对这些提示做出响应。在给定提示和代理的响应之后，环境会生成一个奖励，该奖励由奖励模型确定，并且代表了这个剧集的结束。为了避免奖励模型的过度优化，针对每个代币的 KL 惩罚是从 SFT 模型的每个代币中添加的。这个惩罚有助于平衡奖励模型在训练过程中的学习和稳定性。

ChatGPT 采用的基本算法是预训练和微调，这是一种在大规模文本数据上进行的两阶段训练过程。ChatGPT 的预训练阶段使用了类似于 GPT 系列的算法，而微调阶段则特定于对话生成任务。下面是 ChatGPT 的训练算法的详细介绍。

（1）预训练（Pretraining）

ChatGPT 的预训练阶段是基于大规模文本语料库的，该阶段的目标是使模型学习通用的自然语言理解和生成能力。以下是预训练阶段的关键算法和步骤。

1）自回归语言建模：在预训练阶段，ChatGPT 采用了自回归语言建模，类似于 GPT 系列。

模型尝试预测每个位置的下一个词汇，给定之前的上下文。这鼓励模型捕捉语法、语义和上下文信息。

2）遮蔽语言建模：ChatGPT 还采用了遮蔽语言建模的方式，其中一些词汇被随机遮蔽或替换，模型需要预测这些遮蔽词的正确值。这有助于模型学习词汇和上下文的表示。

3）Transformer 架构：ChatGPT 使用了 Transformer 架构，其中包括自注意力机制、残差连接和层归一化，以便处理文本序列。

（2）微调（Fine-Tuning）

微调阶段是 ChatGPT 特定于对话生成任务的部分，它根据对话数据来优化模型以适应特定的应用场景。微调采用监督学习的方式，使用带标签的对话数据集进行训练，包括输入和对应的对话回复。以下是微调阶段的一般步骤。

1）任务定制化：在微调阶段，ChatGPT 的模型架构和参数通常会被调整，以适应特定的对话任务，如聊天机器人、虚拟助手等。

2）对话数据集：模型使用带标签的对话数据集，包括对话的历史和对应的期望回复。模型的目标是生成与标签回复相似的对话回复。

3）损失函数：微调阶段的损失函数通常基于生成的对话回复与标签回复之间的相似性。模型被训练以最小化这一损失，以提高生成的回复的质量和一致性。

4）超参数调整：微调还涉及超参数的调整，以获得最佳性能，如学习率、批处理大小等。

5.2 常用的模型学习类型

模型学习是机器学习的一个重要分支，涵盖了多种不同的学习类型，每种学习类型都用于解决不同类型的问题，以下是一些常用的模型学习类型。

▶▶ 5.2.1 监督学习

监督学习（Supervised Learning）是机器学习领域中最常见和重要的学习范式之一。它指的是通过使用带有标签的训练数据来训练模型，以便该模型能够对新的未标记数据进行预测或分类。在监督学习中，训练数据集包括输入样本和相应的标签，而模型的主要目标是学习输入和输出之间的映射关系，如图 5-13 所示。

下面是监督学习的基本流程。数据收集：首先收集带有标签的训练数据集。每个训练样本包含输入特征和对应的标签（也称为目标值或输出值）。输入特征可以是数字、文本、图像等各种形式的数据。特征提取和预处理：对于收集到的数据，通常需要进行特征提取和预处理的步骤，包括数据清洗、去除噪声、特征选择、特征变换等操作，以便提取出更有用的特征表示。模型选择和建立：根据具体的问题和数据特征，选择适当的模型来建立学习算法。常见的监督学习模型包括线性回归、逻辑回归、支持向量机（SVM）、决策树、随机森林、神经网络等。模型训练：使用训练数据集对选择的模型进行训练。训练过程中，模型根据输入特征与标签之间的对应关系进行参数调整，以最小化预测输出与真实标签之间的差距。模型评估：在训练完成后，使用测试数据集对模型进行评估。评估指标可以根据具体问题而定，例如分类任务中的准确率、召回率和 F1 值，回归任务中的均方误差（MSE）等。模型应用：经过评估的模型可以用于对新的未标记数据进行预测或分类。输入新样本的特征到模型中，模型会根据之前学习到的映射关系给出相应的输出或预测结果。

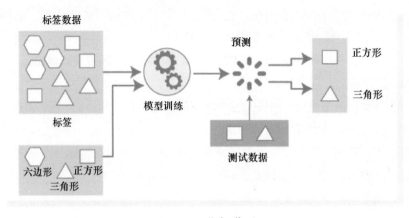

图 5-13　监督学习

监督学习的优势在于可以利用已知标签的训练数据来学习模型，能够进行准确的预测和分类。它在许多领域都有广泛的应用，包括图像分类、语音识别、自然语言处理、推荐系统等。

然而，监督学习面临的挑战之一是标签获取的成本高昂或不可行。有时，收集和标记大量的训练数据可能需要大量的时间、人力和资源。例如，在医疗诊断领域，收集和标记大量的医学图像或病例可能是困难和昂贵的。此外，对于某些任务，标签可能是主观的或模糊的，导致标签的一致性和可靠性问题。另一个挑战是过拟合（Overfitting）问题。当模型过于复杂或训练数据量不足时，模型可能会过度记住训练数据的细节和噪声，而无法泛化到新的数据。这导致在训练集上表现很好，但在测试集上性能较差。应对过拟合问题，可以采用正则化方法、交叉验证和提前停止等技术。此外，选择合适的特征表示也是监督学习面临的一个关键问题。特征的选择和设计对于模型的性能至关重要。不同的特征选择可能导致不同的模型表现。有时候，特征工程需要领域知识和经验，并且可能需要进行多次尝试和调整。最后，监督学习还面临着类别不平衡问题。在某些应用中，不同类别的样本数量可能相差很大，导致模型对少数类别的预测能力较差。为了解决类别不平衡问题，可以采用样本重采样、类别权重调整或合成少数类样本等方法。总结而言，监督学习是一种强大的机器学习方法，可以利用带有标签的训练数据来建立预测模型。它在许多实际应用中取得了成功，但也面临着标签获取成本高昂、过拟合、特征选择和类别不平衡等挑战。解决这些挑战的方法需要结合领域知识、合适的算法和数据处理技术。

▶▶ 5.2.2　半监督学习

半监督学习是一种介于监督学习和无监督学习之间的学习范式，在监督学习中，样本的类比、类别标签都是已知的，学习的目的是找到样本的特征与类别标签之间的联系。一般情况下，训练样本的数量越多，训练得到的分类器的分类精度也会越高。但是，在很多现实问题当中，一方面是由于人工标记样本的成本很高，导致有标签的数据十分稀少（如果是让算法工程师亲自去标记数据，会消耗相当大的时间和精力；也有很多公司雇佣一定数量的数据标记师，这种做法也无疑是耗费了大量金钱在数据标记上）；而另一方面，无标签的数据很容易被收集到，其数量往往是有标签样本的上百倍。因此，半监督学习（这里仅针对半监督分类）就是要利用大量的无标签样本和少量带有标签的样本来训练分类器，解决有标签样本不足的难题。

▶▶ 5.2.3　无监督学习

无监督学习（Unsupervised Learning）是一种机器学习，其中模型使用未标记的数据集进行训练，并允许在没有任何监督的情况下对该数据进行操作，模型本身会从给定数据中找到隐藏的模式和见解。无监督学习不能直接应用于回归或分类问题，因为与监督学习不同，有输入数据但没有相应的输出数据。无监督学习的目标是找到数据集的底层结构，根据相似性对数据进行分组，并以压缩格式表示该数据集。例如，假设给定无监督学习算法的输入数据集，其中包含不同类型的猫和狗的图像，该算法从未在给定的数据集上进行过训练，这意味着它对数据集的特征一无所知。无监督学习算法的任务是自行识别图像特征，通过根据图像之间的相似性将图像数据集聚类到组中来执行此任务，无监督学习的过程如图 5-14 所示。

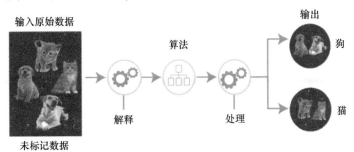

图 5-14　无监督学习的过程

采用未标记的输入数据意味着它没有分类，也没有给出相应的输出。现在，将这些未标记的输入数据输入机器学习模型以对其进行训练。首先，它将解释原始数据以从数据中找到隐藏的模式，然后应用合适的算法，如 K-means 聚类、决策树等。

聚类（Clustering）：聚类算法试图将数据样本分成相似的组或簇，使得同一簇内的样本更相似，而不同簇之间的样本差异较大。常见的聚类算法包括 K 均值聚类、层次聚类、DBSCAN 等。

降维（Dimensionality Reduction）：降维算法可以将高维数据映射到一个低维空间，同时保留数据的关键特征。降维有助于数据可视化、去除冗余信息、减少计算复杂度等。常见的降维方法包括主成分分析（PCA）、独立成分分析（ICA）、t-SNE 等。

关联规则学习（Association Rule Learning）：关联规则学习旨在发现数据中的频繁项集和关联规则。它可以用于市场篮子分析、推荐系统等。著名的关联规则算法有 Apriori 算法和 FP-growth 算法。

潜在语义分析（Latent Semantic Analysis）：潜在语义分析是一种文本挖掘技术，用于从大规模文本语料中发现隐藏的语义结构。它可以用于文本分类、信息检索等任务。

异常检测（Anomaly Detection）：异常检测算法旨在识别数据中的异常或离群点。它可以应用于网络安全、信用卡欺诈检测等领域。

无监督学习的优势在于可以从未标记的数据中获取有价值的信息，并发现数据的内在结构和模式。它在数据探索、数据预处理、特征工程等方面有广泛应用。

然而，无监督学习也面临一些挑战。其中之一是由于缺乏标签信息的指导，模型的评估和性能度量变得更加困难。此外，无监督学习算法对数据质量以及受噪声和异常值的影响更加敏感。因为无监督学习算法主要依赖于数据本身的统计特性和分布，所以数据中的异常值或噪声可能对算法的性能产生不良影响。另一个挑战是无监督学习算法的结果通常较难解释和理解。由于没有预先定义的标签或目标，模型学到的隐藏结构和模式可能对人类来说不直观或难以解释。因此，在实际应用中，通常需要结合领域知识和专家的判断来对结果进行解释和验证。尽管面临一些挑战，无监督学习仍然是机器学习领域的重要分支，广泛应用于数据挖掘、自动化分析、无监督特征学习等领域。它能够帮助发现数据中的隐藏信息、发现新的模式和关联，并为进一步的分析和决策提供有价值的线索。

▶▶ 5.2.4 强化学习

强化学习（Reinforcement Learning，RL），又称再励学习、评价学习或增强学习，是机器学习的范式和方法论之一，用于描述和解决智能体（Agent）在与环境的交互过程中通过学习策略达成回报最大化或实现特定目标的问题。即强化学习是一种学习如何从状态映射到行为以使获取的奖励最大的学习机制。这样的一个智能体需要不断地在环境中进行实验，通过环境给予的反馈（奖励）来不断优化状态—行为的对应关系。因此，反复实验（Trial and Error）和延迟奖励（Delayed Reward）是强化学习最重要的两个特征。

　　下面是强化学习中的关键概念。状态（State）：状态是描述环境的信息，可以是完整的环境观测结果或某种表示形式。智能体根据当前状态来做出决策。动作（Action）：动作是智能体在给定状态下可以执行的操作或决策，动作的选择会影响下一个状态和获得的奖励。奖励（Reward）：奖励是环境给予智能体的反馈信号，用于评估智能体的动作好坏。智能体的目标是通过最大化累积的奖励来学习最优策略。策略（Policy）：策略定义了智能体在给定状态下选择动作的方式。它可以是确定性策略，直接映射状态到动作；也可以是随机策略，根据概率分布选择动作。值函数（Value Function）：值函数用于评估状态或状态-动作对的价值，表示从给定状态出发，智能体在未来能够获得的预期累积奖励。值函数可以用于指导智能体的决策。Q-值函数（Q-Value Function）：Q-值函数是一种估计状态-动作对的价值的函数，表示在给定状态下采取特定动作的预期累积奖励。Q-值函数可以用于选择最优动作，Q-值函数的工作机制如图 5-15 所示。

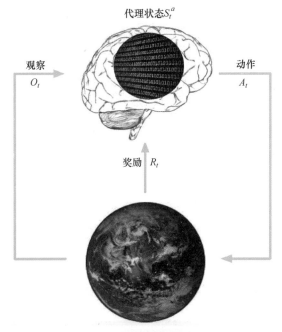

图 5-15　Q-值函数的工作机制

强化学习在许多领域具有广泛的应用，具体如下。

1）游戏和控制：强化学习在游戏领域中有广泛的应用，如下棋、打牌和玩电子游戏等，著名的例子是 AlphaGo，它通过强化学习方法在围棋领域击败了世界冠军。此外，强化学习在自动驾驶、机器人控制和网络管理等领域也得到了广泛应用。

2）机器人学习：强化学习可以用于训练机器人执行特定任务，如物体抓取、步行和导航等。通过与环境交互，机器人可以通过试错和奖励机制逐步优化策略，从而实现更高效的控制和动作。

3）自适应系统：强化学习可以应用于自适应系统，如自适应推荐系统、广告投放和在线广告优化等。通过学习用户的反馈和奖励信号，系统可以自动调整策略和决策，以提供更符合用户需求的个性化体验。

4）资源管理和优化：强化学习可以用于解决资源分配和优化问题。例如，通过学习最佳调度策略，可以在云计算环境中优化虚拟机的资源分配；在电力网络中，可以使用强化学习来优化能源的分配和调度。

5）金融交易和投资：强化学习可以应用于金融领域，如股票交易和投资决策。通过学习市场的动态和奖励信号，智能体可以学习出最优的交易策略，以实现更高的收益率和降低风险。

6）自然语言处理：强化学习可以应用于自然语言处理任务，如对话系统和机器翻译。通过与用户的交互和奖励信号，对话系统可以逐步学习如何生成更准确、流畅的回复；机器翻译系统可以通过强化学习来改进翻译质量和自动化调整翻译策略。需要注意的是，强化学习在实际应用中也面临一些挑战，如样本效率问题、探索与利用的平衡、奖励设计和稳定性等。

5.3 模型的轻量化方法

模型轻量化是一项关键技术，旨在通过减小深度学习模型的大小和计算复杂度适应资源有限的设备和环境，如嵌入式系统和移动设备。模型的轻量化方法主要包括剪枝、量化、网络压缩、参数共享、深度和宽度缩减等。通过模型轻量化，可以在不显著损害性能的情况下，降低硬件成本、减少功耗，并提高模型的响应速度，从而推动智能化技术在各领域的广泛应用。

▶▶ 5.3.1 模型轻量化的概念与作用

模型轻量化是指通过一系列技术手段将深度学习模型的参数和计算量大幅减少，从而减小模型大小、提升计算速度、优化推理效果。在 AI 芯片开发中，模型轻量化是非常重要的一部分，它可以在保证模型精度的前提下，降低 AI 芯片的算力要求，提高 AI 芯片的性能和功耗效率。

模型轻量化包括模型剪枝、量化和蒸馏等。其中，模型剪枝是指通过去掉不必要的神经元和连接来减少模型的参数量和计算量。量化是将模型中的浮点数转化为定点数，从而降低存储和计算的需求。蒸馏则是通过在训练过程中将大模型的知识传递给小模型，从而实现模型压缩和加速。

模型轻量化的作用非常显著，它可以使得 AI 芯片在计算资源有限的情况下，也能够实现高效的模型推理。在移动设备等资源受限的场景下，模型轻量化可以大幅降低模型大小和推理时间，提高设备的使用效率和用户体验。同时，模型轻量化也可以帮助开发者在云端训练大规模深度学习模型，并将这些模型部署在边缘设备上，从而提高 AI 芯片的应用范围和效果。

▶▶ 5.3.2 基于结构优化的轻量化方法

在深度学习网络中，有很多不必要或冗余的结构，这些结构既增加了模型的参数数量，也增加了计算量，导致模型的尺寸变大，推理速度变慢。因此，基于结构优化的轻量化方法是一种有效的方式，可以减少模型的参数数量、计算量，同时保持模型的性能。

常用的结构优化方法如下。

模型裁剪（Model Pruning）：通过删除模型中不必要的连接或神经元，来减少模型的参数数量和计算量。常用的裁剪方法包括剪枝（Pruning）、量化（Quantization）、分组卷积（Group Convolution）等。

网络压缩（Network Compression）：通过减少模型中的冗余结构来降低模型的尺寸。常用的网络压缩方法包括蒸馏（Distillation）、知识迁移（Knowledge Transfer）等。

网络设计（Network Design）：通过设计更加轻量级的网络结构来降低模型的参数数量和计算量。常用的网络设计方法包括 MobileNet、ShuffleNet、EfficientNet 等。

下面是一个简单的示例代码，展示了如何使用 Keras 库中提供的 API 来实现卷积层的结构优化。

```
import tensorflow as tf
from tensorflow import keras

#定义模型结构
model = keras.Sequential([
  keras.layers.Conv2D(32, kernel_size=(3, 3), activation='relu', input_shape=(28,
28, 1)),
  keras.layers.Conv2D(64, kernel_size=(3, 3), activation='relu'),
  keras.layers.MaxPooling2D(pool_size=(2, 2)),
  keras.layers.Flatten(),
  keras.layers.Dense(128, activation='relu'),
  keras.layers.Dense(10, activation='softmax')
])
```

```python
#打印模型结构
model.summary()

#定义剪枝函数
def prune_conv_layer(layer, channels_to_prune):
    #获取该层的权重和偏置
    weights, biases = layer.get_weights()

    #获取该层卷积核的数量
    num_filters = weights.shape[3]

    #创建一个掩码,将需要保留的通道设置为1,需要剪枝的通道设置为0
    mask = tf.ones((num_filters,))
    mask = tf.tensor.scatter_nd_update(mask, [[i] for i in channels_to_prune], tf.zeros((len(channels_to_prune),)))

    #将掩码扩展为适当的形状,以便与权重矩阵进行逐元素相乘
    mask = tf.expand_dims(tf.expand_dims(tf.expand_dims(mask, axis=0), axis=0), axis=-1)

    #使用掩码更新卷积核权重
    pruned_weights = weights * mask.numpy()

    #使用掩码更新卷积核权重
    pruned_weights = weights * mask.numpy0

    #使用新的权重和旧的偏置重新构建该层
    pruned_layer = keras.layers.Conv2D(filters=num_filters - len(channels_to_prune),
                    kernel size=layer.kernel_size,
                    strides=layer.strides,
                    padding=layer.padding,
                    activation=layer.activation,
                    use_bias=True)(layer.input)
    pruned_layer.set_weights([pruned_weights, biases])

    return pruned_layer
#剪枝第二个卷积层的前16个通道
model.layers[1] = prune_conv_layer(model.layers[1], [i for i in range(16)])

#打印剪枝后的模型结构
model.summary()
```

上述代码中的主要流程如下。

1）定义原始模型，包括两个卷积层和一个全连接层。

2）执行第一次前向传播，记录每个卷积层中的通道权重。

3）根据通道权重排序，选择要剪枝的通道。

4）剪枝选择的通道，同时更新剩余通道的权重。

5）定义新的轻量化模型，包括一个卷积层和一个全连接层，其中卷积层通道数为剩余通道数。

6）重新初始化新模型的权重，其中剩余通道的权重采用原始模型中对应通道的权重，剪枝的通道权重被设置为 0。

7）执行第二次前向传播，将输出结果与原始模型进行比较，确保新模型的性能与原始模型相当。

在上述流程中，第一次前向传播用于计算每个卷积层中每个通道的权重，这些权重将用于选择要剪枝的通道。第二次前向传播用于检查新模型的性能是否与原始模型相当。

结构优化是一种常见的轻量化方法，通过减少模型的参数量和计算量来降低模型的复杂度。具体来说，结构优化包括通道剪枝、模型缩小、矩阵分解等方法。在通道剪枝中，可以通过计算每个通道的权重并选择一部分权重较小的通道来减少模型的通道数。在模型缩小中，可以通过减少卷积层的深度或全连接层的宽度来减少模型的参数量和计算量。在矩阵分解中，可以将卷积层中的卷积核矩阵分解为多个小矩阵来减少模型的参数量。

总的来说，结构优化可以有效地提高模型的效率和准确性，尤其适用于移动设备等计算资源受限的场景。但需要注意的是，过度的结构优化可能会导致模型的性能下降，因此需要在保证性能的前提下进行优化。

在实际应用中，结构优化通常需要结合其他轻量化方法使用，以达到更好的效果。例如，可以在通道剪枝的基础上使用权重剪枝和量化等方法来进一步减少模型的大小和计算量。

 5.3.3 基于参数量化的轻量化方法

基于参数量化的轻量化方法是通过对模型参数进行压缩和量化，从而减少模型大小和计算量，以达到轻量化的效果。该方法可以分为三类：权值量化、激活量化和网络结构量化。

（1）权值量化

权值量化是将浮点型的权重参数压缩成整数或低精度浮点数，从而减少存储和计算的开销。常用的方法有对称量化和非对称量化。对称量化将权重值量化到 $[-128,127]$ 或 $[-127,127]$ 等对称区间内，使得量化误差最小化。非对称量化则将权重值量化到 $[0,255]$ 等非对称区间内，可以进一步提高量化的精度。

（2）激活量化

激活量化是将神经网络中的激活值从浮点型转化为整数或低精度浮点数。激活量化通常与权值量化一起使用，以减少模型大小和计算量。常用的方法有 Min-Max 量化和均值方差量化。Min-Max 量化将激活值压缩到一个区间内，而均值方差量化则通过对激活值进行均值和方差计算来确定量化参数。

（3）网络结构量化

网络结构量化是将神经网络中的层结构量化为一个高效的计算图。该方法可以将相似的层结构合并为一个层，从而减少计算量和存储空间。网络结构量化方法有基于图剪枝的量化和基于聚类的量化等。

图 5-16 是一个基于权值量化的轻量化示例代码。

```python
import tensorflow as tf
import tensorflow_model_optimization as tfmot

# Load the MNIST dataset
mnist = tf.keras.datasets.mnist
(train_images, train_labels), (test_images, test_labels) = mnist.load_data()

# Normalize pixel values between 0 and 1
train_images = train_images / 255.0
test_images = test_images / 255.0

# Define the model
model = tf.keras.Sequential([
    tf.keras.layers.Flatten(input_shape=(28, 28)),
    tf.keras.layers.Dense(128, activation='relu'),
    tf.keras.layers.Dense(10)
])

# Compile the model
model.compile(optimizer='adam',
              loss=tf.keras.losses.SparseCategoricalCrossentropy(from_logits=True),
              metrics=['accuracy'])

# Train the model
model.fit(train_images, train_labels, epochs=5, validation_data=(test_images, test_labels))


# Define the quantization configuration
quantize_config = tfmot.quantization.keras.QuantizeConfig(
    weight_quantizer=tfmot.quantization.keras.quantizers.quantize_8bit
)

# Apply the quantization aware training to the model
quantize_model = tfmot.quantization.keras.quantize_model(model, quantize_config)

# Compile the quantized model
quantize_model.compile(optimizer='adam',
                       loss=tf.keras.losses.SparseCategoricalCrossentropy(from_logits=True),
                       metrics=['accuracy'])

# Evaluate the quantized model
quantize_model.evaluate(test_images, test_labels)
```

图 5-16　轻量化示例代码

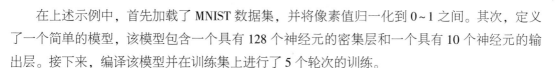

在上述示例中，首先加载了 MNIST 数据集，并将像素值归一化到 0~1 之间。其次，定义了一个简单的模型，该模型包含一个具有 128 个神经元的密集层和一个具有 10 个神经元的输出层。接下来，编译该模型并在训练集上进行了 5 个轮次的训练。

然后，定义了一个 QuantizeConfig 对象，该对象指定了如何量化权重，在本示例中，使用了 8 位量化器。接下来，将该配置应用于模型，执行量化感知的训练。最后，编译量化模型并在测试集上评估了其性能。

▶▶ 5.3.4   基于网络剪枝的轻量化方法

基于网络剪枝的轻量化方法是一种有效的模型压缩技术，该方法的基本思想是通过减少神经网络中不必要的连接和节点来减少网络的计算和存储量，从而达到轻量化的目的。网络剪枝方法基于神经网络的权值和结构特征进行操作。权值剪枝是一种减少模型参数的方法，通过去除对模型性能影响较小的权值，从而减小模型的复杂度；而结构剪枝则是通过减少网络结构中的冗余，如删除不必要的节点和连接，来进一步减小模型的规模。这些剪枝技术可以在保持模型性能的同时，大幅度减少模型的计算和存储需求，使得模型更加轻量化，更适用于资源受限的环境。通过网络剪枝，可以获得更加高效的神经网络模型，为各种应用场景提供更好的性能和效果。

在权值剪枝中，可以使用 L1、L2 正则化方法来实现网络剪枝。这些方法通过设置一个阈值来剪枝小于此阈值的权值，从而达到减少网络参数的目的。而在结构剪枝中，常用的方法有裁剪掉特定的通道、层、模块等等。比如在卷积神经网络中，可以通过裁剪掉卷积核中的通道来实现结构剪枝。

网络剪枝方法可以分为静态剪枝和动态剪枝。静态剪枝指的是在网络训练之前或者训练初期对网络进行剪枝，而动态剪枝则是在网络训练的过程中对网络进行剪枝。动态剪枝可以根据训练的情况动态地剪枝，使得网络可以更加精细地适应数据集。

下面结合具体示例代码介绍常用的结构优化方法——通道剪枝（Channel Pruning）。

通道剪枝是一种常用的剪枝方法，它通过删除卷积层中不必要的通道（Channel），来减少模型的参数数量和计算量。

具体的实现方法是：首先通过训练和剪枝来确定哪些通道可以被删除，然后重新构建模型，并进行微调以恢复模型的性能，如图 5-17 所示。

在上述代码中，使用了 PyTorch 提供的 prune 模块来实现通道剪枝。具体来说，使用了 prune.L1Unstructured 方法，该方法根据每个权重张量的 L1 范数（绝对值之和）来计算该层中每个通道的重要性，并将最不重要的通道删除。在本示例中，选择剪去第二个卷积层的权重张量中 L1 范数最小的 50% 的通道。

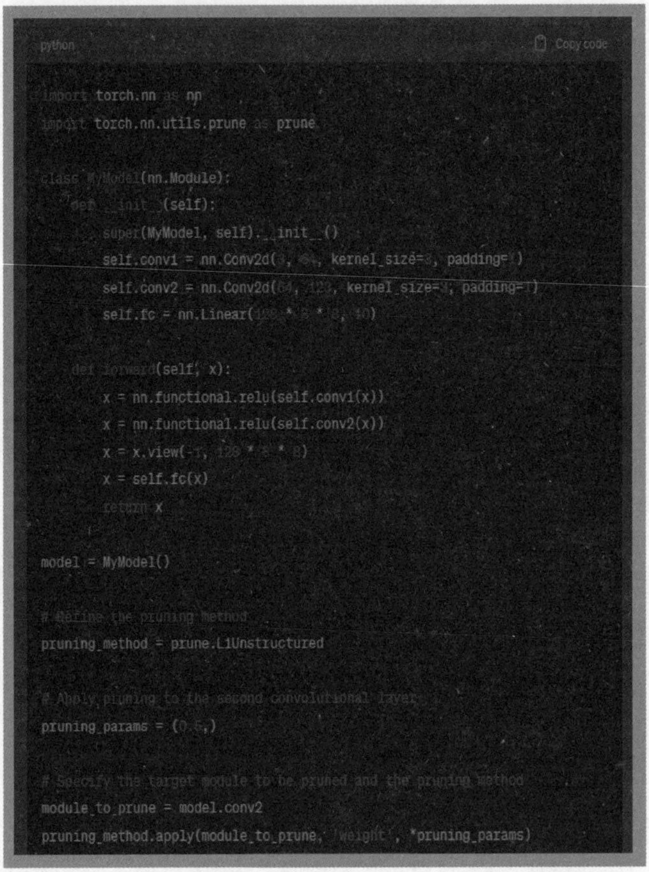

```python
import torch.nn as nn
import torch.nn.utils.prune as prune

class MyModel(nn.Module):
    def __init__(self):
        super(MyModel, self).__init__()
        self.conv1 = nn.Conv2d(3, 64, kernel_size=3, padding=1)
        self.conv2 = nn.Conv2d(64, 128, kernel_size=3, padding=1)
        self.fc = nn.Linear(128 * 8 * 8, 10)

    def forward(self, x):
        x = nn.functional.relu(self.conv1(x))
        x = nn.functional.relu(self.conv2(x))
        x = x.view(-1, 128 * 8 * 8)
        x = self.fc(x)
        return x

model = MyModel()

# Define the pruning method
pruning_method = prune.L1Unstructured

# Apply pruning to the second convolutional layer
pruning_params = (0.5,)

# Specify the target module to be pruned and the pruning method
module_to_prune = model.conv2
pruning_method.apply(module_to_prune, 'weight', *pruning_params)
```

图 5-17　prune 模块

需要注意的是，在进行网络剪枝时，需要明确指定要进行剪枝的模块，可以通过使用 module_to_prune 参数来实现。同时，在应用剪枝方法 pruning_method 时，需要通过指定 apply ( ) 方法的第一个参数“weight”来指定要剪枝的参数是权重张量。当然，除了权重张量，也可以选择剪枝其他类型的张量，比如偏置或者其他自定义张量。这样可以更加全面地进行网络剪枝，以适应不同的需求和场景。通过灵活地指定剪枝模块和剪枝参数，可以实现更加精细化和个性化的网络剪枝操作，进一步提升模型的轻量化效果。

5.3.5　基于知识蒸馏技术的轻量化方法

基于知识蒸馏技术的轻量化方法是一种通过将一个大型、复杂的神经网络模型的知识传递给一个小型、简单的神经网络模型，从而实现轻量化的方法。这种方法的基本思想是通过在训练期间将大型模型的知识传递给小型模型，使小型模型能够学习到大型模型的知识，并且能够在保持较高精度的同时具有更小的模型尺寸和更快的推理速度。

知识蒸馏技术主要有两个阶段：训练阶段和推理阶段。在进行网络剪枝时，需要明确指定要进行剪枝的模块和参数类型。一般来说，剪枝的目标是减少模型的参数数量和计算复杂度，以实现模型的轻量化和高效推理。在剪枝的训练阶段，使用大型模型（教师模型）来生成输出和辅助信息，同时使用小型模型（学生模型）来学习如何模仿教师模型的输出。在推理阶段，使用已经训练好的小型模型来进行预测未知样本的输出。通过剪枝和知识蒸馏技术的结合，可以在保持相对较高性能的同时，将模型的规模和计算需求降低，从而实现轻量化和高效推理的目标。

知识蒸馏技术可以分为两种类型：硬件知识蒸馏和软件知识蒸馏。硬件知识蒸馏是一种将大型模型的硬件表示传递给小型模型的方法，这种方法通常使用较低精度的数据类型来表示模型参数，例如半精度浮点数。软件知识蒸馏是一种将大型模型的软件表示传递给小型模型的方法，这种方法通常使用较低复杂度的模型来表示教师模型，如图 5-18 所示。

该示例代码展示了基于软件知识蒸馏的轻量化方法，使用了两个神经网络：一个复杂的"教师网络"（Teacher Network）和一个简单的"学生网络"（Student Network）。教师网络是一个包含多个卷积和全连接层的深层网络，拥有高精度的预测能力；学生网络是一个比教师网络简单的网络，通常只包含几个卷积和全连接层。知识蒸馏的目标是将教师网络的知识转移给学生网络，从而使学生网络能够达到与教师网络相近的精度。

知识蒸馏的过程通过在学生网络训练中添加一个额外的损失函数来实现。这个损失函数被称为"知识蒸馏损失"（Knowledge Distillation Loss），它基于教师网络和学生网络的预测结果来度量它们之间的相似性。教师网络的预测结果被认为是"软目标"（Soft Target），因为它们是通过在输出层使用 softmax 函数得到的概率分布。相比之下，学生网络的预测结果是"硬目标"（Hard Target），因为它们是通过取预测结果的最大值得到的。

知识蒸馏损失的计算方式可以根据具体情况而变化。在上述示例中，使用了平均均方误差（Mean Squared Error）作为损失函数。这个损失函数度量了教师网络和学生网络输出的概率分布之间的距离，同时惩罚学生网络对不同的样本的预测误差。通过最小化这个损失函数，学生网络可以逐渐学会教师网络的预测能力。

在实际应用中，知识蒸馏技术可以与其他轻量化方法结合使用，进一步提高轻量化效果。例如，可以将知识蒸馏与网络剪枝结合使用，通过将教师网络中不必要的神经元和连接剪去，再将剩余的结构和知识蒸馏到学生网络中，从而实现更高效的模型压缩。这种结合方法可以在保持相对较高性能的同时，显著减少模型的参数数量和计算复杂度，实现更精细和高效的模型轻量化。这种方法具有广泛的应用前景，可以在资源受限的环境下实现高性能和高效率的模型应用。

```python
import torch
import torch.nn as nn
import torch.optim as optim
import torch.nn.functional as F

# 定义大模型
class BigModel(nn.Module):
    def __init__(self):
        super(BigModel, self).__init__()
        self.conv1 = nn.Conv2d(3, 32, kernel_size=3, stride=1, padding=1)
        self.bn1 = nn.BatchNorm2d(32)
        self.conv2 = nn.Conv2d(32, 64, kernel_size=3, stride=1, padding=1)
        self.bn2 = nn.BatchNorm2d(64)
        self.fc1 = nn.Linear(64*8*8, 512)
        self.fc2 = nn.Linear(512, 10)

    def forward(self, x):
        x = F.relu(self.bn1(self.conv1(x)))
        x = F.max_pool2d(x, 2)
        x = F.relu(self.bn2(self.conv2(x)))
        x = F.max_pool2d(x, 2)
        x = x.view(-1, 64*8*8)
        x = F.relu(self.fc1(x))
        x = self.fc2(x)
        return x

# 定义小模型
class SmallModel(nn.Module):
    def __init__(self):
        super(SmallModel, self).__init__()
        self.conv1 = nn.Conv2d(3, 16, kernel_size=3, stride=1, padding=1)
        self.bn1 = nn.BatchNorm2d(16)
        self.conv2 = nn.Conv2d(16, 32, kernel_size=3, stride=1, padding=1)
        self.bn2 = nn.BatchNorm2d(32)
        self.fc1 = nn.Linear(32*8*8, 256)
        self.fc2 = nn.Linear(256, 10)

    def forward(self, x):
        x = F.relu(self.bn1(self.conv1(x)))
        x = F.max_pool2d(x, 2)
        x = F.relu(self.bn2(self.conv2(x)))
        x = F.max_pool2d(x, 2)
        x = x.view(-1, 32*8*8)
        x = F.relu(self.fc1(x))
        x = self.fc2(x)
        return x

# 定义损失函数
criterion = nn.CrossEntropyLoss()

# 定义训练函数
def train(model, optimizer, train_loader):
    model.train()
    for batch_idx, (data, target) in enumerate(train_loader):
        optimizer.zero_grad()
        output = model(data)
        loss = criterion(output, target)
        loss.backward()
        optimizer.step()

# 定义测试函数
def test(model, test_loader):
    model.eval()
    test_loss = 0
    correct = 0
    with torch.no_grad():
        for data, target in test_loader:
            output = model(data)
            test_loss += criterion(output, target).item()
            pred = output.argmax(dim=1, keepdim=True)
            correct += pred.eq(target.view_as(pred)).sum().item()

    test_loss /= len(test_loader.dataset)
    accuracy = 100. * correct / len(test_loader.dataset)
    return test_loss, accuracy

# 加载训练集和测试集
train_loader = torch.utils.data.DataLoader(
    torchvision.datasets.CIFAR10(root='./data', train=True, download=True,
                                 transform
```

图 5-18　知识蒸馏示意代码

5.4 轻量化模型设计实例：YOLO-Fire 目标检测算法

火灾作为一种传播速度极快的灾害，会在短时间内造成大量人员伤亡和财产损失。快捷精确的火灾检测可帮助消防人员提前分析火情，并及时进行救援。随着基于深度学习的目标检测技术的不断发展，部分检测精度高的目标检测模型逐步应用于视频图像火灾检测领域，实现了更为快速与准确的火灾检测。YOLO 系列算法在火灾检测速度和准确度上取得了较好的平衡，然而如果在特定应用场景下运行，其准确率和检测效率并不稳定。本实例将 YOLOv4-tiny 颈部特征融合网络的普通卷积替换为深度可分离卷积，以减少网络参数量。并围绕网络参数量下降后出现准确率降低的问题，对网络做出进一步的改进。通过引入 ECA 注意力机制，提高网络对火焰特征的关注度；采用优化后的 K-means 算法对先验框设置进行改动，以适应火焰尺寸变化的特性；将 YOLOv4-tiny 中两个尺度特征图输出修改为三个，扩大网络检测头的最大检测规模，减少在不同尺度下火焰误检、漏检的情况。

▶▶ 5.4.1 YOLO-Fire 检测算法设计

在火焰图像检测过程中，处理速度越快，精度越高，对前期火灾预警成功率也就越高。因此，在保证检测准确率的情况下，应尽量降低对火焰图像的检测延时。基于深度学习的火焰检测网络模型计算量普遍较大，可能会出现火焰检测延时过长的问题。此外，在实际火焰检测过程中，摄像机离火源的距离并不确定，检测时存在小火焰目标检测效果差以及易被类火目标干扰等问题。其次，由于算法后续需要部署到嵌入式移动平台，存在硬件资源相对较少的问题。本实例针对上述问题，选择基于 YOLOv4-tiny 算法进行改进，提出一种轻量级的火焰检测算法，由改进后算法构建的网络模型本实例统称为 YOLO-Fire。

1. 深度分离可卷积

由于本实例需要尽可能减少网络参数以便后续的部署工作，在分析 YOLOv4-tiny 基础网络结构后发现，大量 CBL 结构集中在主干网络部分，而 CBL 结构内部又包含较多的普通卷积运算。为降低网络整体容量和浮点数计算量，采用深度可分离卷积代替普通卷积，可达到降低参数量和计算成本的目的。与传统的标准卷积相比，深度可分离卷积的卷积方式更为高效。首先，其将输入张量的每个通道分别进行卷积操作，这被称为逐通道卷积（Depthwise Convolution）。然后，将输出通道中的每个通道分别进行卷积操作，这被称为逐点卷积（Pointwise Convolution）。因为每个通道都有自己的卷积核，这些卷积核通常比普通卷积核小得多，因此这种卷积方式可以有效减少卷积操作中所需的参数数量，普通卷积与深度可分离卷积示意图如图 5-19 和

图 5-20 所示。由图 5-20 可知，逐通道卷积将卷积核的每个通道与输入特征图的对应通道进行卷积运算，最终生成一个输出特征图。在逐通道卷积完成后，特征图数量和输入层通道数相等，而特征图尺寸可能发生改变，因此通过逐点卷积完成特征图尺寸与通道数的调整。逐点卷积则与常规卷积运算相似，但其卷积核大小均为 1×1，其主要对输入特征图的每个位置上的通道进行一个全局的线性变换，调整通道数、改变特征图的维度，最后生成对应的输出特征图。

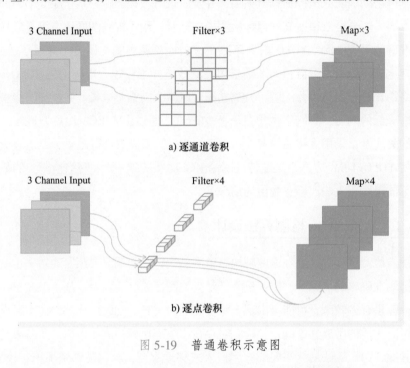

图 5-19 普通卷积示意图

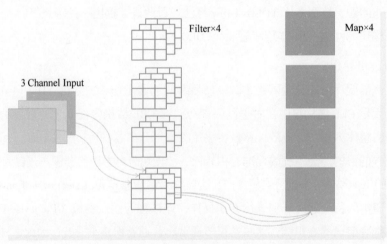

图 5-20 深度可分离卷积结构示意图

深度可分离卷积比普通卷积所需的参数与计算量都更少。假设每一批图片数为 X，输入特征图的宽与高分别为 W 与 H，通道数为 C。在层内有 k 个卷积核的情况下，先将输入特征图尺寸为 X×W×H 的输入特征按通道数 C 进行分组。然后每组分别进行 3×3 卷积，获取图像空间特征，再采用 1×1 卷积核进行逐点卷积，提取每个点特征。在升维后获得的输出特征图尺寸与普通卷积获得的一致。其中，深度可分离卷积参数的计算量为 3×3×X×W×H×C+1×1×X×W×H×C×k，而普通卷积计算量为 3×3×X×W×H×C×k，采取这种方式理论上可让卷积计算量减少（8×k−9）×X×H×W×C 的参数量。因此，本实例采用深度可分离卷积的方式减少网络参数量，进一步实现网络的轻量化。但轻量化后的网络通常会造成精度的损失，本例后续设计了其他的优化方式，保证网络的检测精度满足实际的火灾检测应用场景。

2. 先验框设置优化

YOLOv4-tiny 算法中，每个网格的大小是固定的。因此，每个网格负责检测的目标大小也是固定的。如果一个目标跨越多个网格，则可能会由多个网格共同预测这个目标。由于火灾视频中火焰区域大小会发生变动，因此本实例调整网络的先验框设置，从而提高火灾场景下的检测精度。首先统计出训练集中火焰的平均宽度与高度，并根据火焰物体的大小范围和形状特点，选取一组先验框数量，再随机选取 K 个真实框作为初始的聚类中心，K 表示所期望的先验框数量。由于先验框尺寸各不相同，对于数据集中的每个真实框，通过 K-means 算法计算其与所有聚类中心的距离，将真实框分配到距离中心点最近的聚类中心所代表的先验框中。然后，对于每个先验框，重新计算其聚类中心，并将其作为新的聚类中心。重复上述两步，直到聚类中心不再改变或达到最大迭代次数为止。为减小误差并增大先验框与检测真实框的交并比，本实例采用改进距离公式计算出先验框之间的距离，其值越大，先验框之间的距离越小。先验框之间的距离公式如下。

$$distance(b,c) = 1 - I(b,c) \tag{5-6}$$

其中，b 代表随机的一个先验框，c 代表对应的聚类中心，I 代表先验框间重叠面积和总面积的比值。采用改进后的 K-means 算法计算聚类中心点和先验框大小，重复迭代后 I 值的变化如图 5-21 所示。当 K 为 12 时，I 值才趋于稳定。因此，本实例暂时将先验框个数设为 12，后续通过火焰检测网络的性能表现再进一步调整与优化。

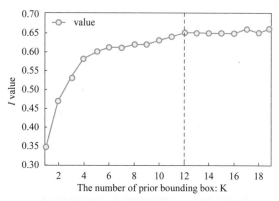

图 5-21　先验框个数 K 与 I 值关系示意图

3. 多尺度检测头

由于本实例需要考虑火灾前期出现的火苗、火星等小火焰目标，这需要检测网络在面对不同尺度火焰目标时都能有效检测，而 CSPDarknet53-tiny 在进行特征信息提取时，浅层网格划分较小。为了能在控制网络计算复杂度的情况下，充分利用浅层位置信息，增强网络的感受野，YOLO-Fire 网络在 YOLOv4-tiny 原有的两层特征金字塔（13×13、26×26）的基础上，添加了一层用于提升网络表达能力的浅层特征（52×52）。不同尺寸的目标通常具有不同的视觉特征，通过增加特征金字塔的深度，可以提高网络对火焰特征的提取能力。多尺度特征融合及检测头预测不仅可以提供更高分辨率的特征图，通常还能提高不同尺度下火焰的检测精度，减少漏检的情况。

4. 注意力机制

YOLOv4-tiny 网络在提取网络特征时，并不会因为模型通道的不同而有所差异，这样会使网络的检测性能在一定程度上受到限制。由于本实例主要研究对象是火灾前期出现的目标较小且分布不均的火苗，因此在 YOLOv4-tiny 的 CSPDarknet53-tiny 特征提取网络中引入 ECA 通道注意力机制，用于提高网络对火焰特征的关注度。注意力机制可以理解为模拟人类的注意力机制，其实质是通过神经网络中的权重分布来更加精确地提取图像具体特征，在主流目标检测算法中得到了广泛应用。ECA 最突出的特点是使用了一种局部自适应滤波器来计算每个通道的权重，该滤波器可以快速地对每个通道的特征图进行加权，并对不同尺度的特征图也进行加权，这种方法能有效地捕捉特征图的局部相关性，提高模型对重要特征的关注度。ECA 机制结构如图 5-22 所示，YOLO-Fire 在主干网络提取出来的 26×26 与 13×13 两个有效特征层上分别添加了 ECA 注意力机制，对上采样后的结果也添加了注意力机制，以进一步提升网络对火焰特征的表达能力。

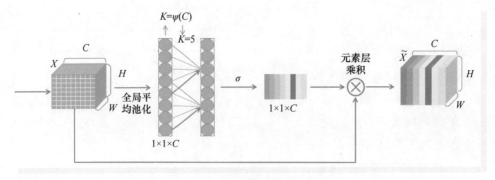

图 5-22　ECA 机制结构示意图

图 5-23 可以看出，输入特征图像表示为 X，加权后输出的特征图表示为 $\tilde{X}$。特征图高度、宽度通道维数分别为 H、W、C。一维卷积核大小表示为 K。在每个通道高度和宽度方向上的特

征进行平均池化后进行一维卷积操作，再通过激活函数获取到各通道权重，然后将每个通道的特征值乘以对应的权重，得到加权后的特征图。由于人工调参会造成不确定性，因此 K 采用公式进行自适应调整，见式（5-6）。$|x|_{odd}$ 用于表示最接近 x 的奇数。

$$K = \psi(C) = |\log_2(C)/2 + 1/2|_{odd} \tag{5-6}$$

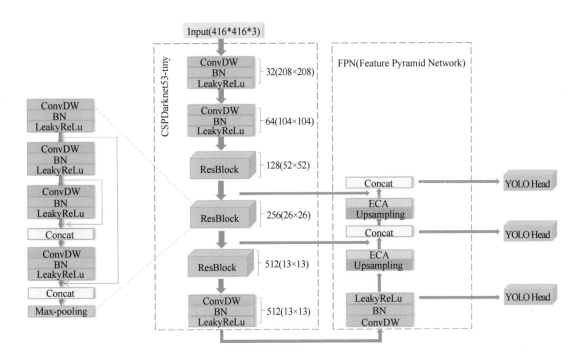

图 5-23　YOLO-Fire 网络模型结构

▶▶ 5.4.2　网络整体结构

综上所述，基于对网络结构和特征提取能力的考虑，YOLO-Fire 主干网络部分采用深度可分离卷积（ConvDW）替代传统卷积以减少网络参数量，并使用了 ConvDW 模块、BN 模块和 LeakyReLu 模块来提取火焰特征。网络结构中有 3 个残差模块，这些残差模块分别由 ConvDW 模块、BN 模块、LeakyReLu 模块和 MaxPooling 块共同组成。YOLOv4-tiny 在进行特征融合时使用了特征金字塔网络（FPN）结构，但其结构与特征融合策略较为简单，为提高 YOLO-Fire 网络对于小火焰的特征提取能力，增加了一层浅层特征，共对 3 个特征层信息进行融合。此外在多尺度融合过程中还添加 ECA 通道注意力模块，提高对火焰特征提取的质量。YOLO-Fire 的网络模型结构如图 5-23 所示。

▶▶ 5.4.3 基于相关性的损失函数

损失函数是神经网络最为核心的要素之一，损失函数的作用是度量网络预测值同实际真实值的差距，从而指导后续的训练，使模型预测准确度提高，而网络训练的目的就是使网络的损失达到最小。在本实例中，YOLO-Fire 的损失函数由四部分组成，计算公式见式 (5-7)。

$$Loss = Loss_{(x,y)} + Loss_{(w,h)} + Loss_{conf} + Loss_{cls} \tag{5-7}$$

其中，$Loss_{(x,y)}$ 是由目标框中心坐标偏移损失函数得到的结果，其值为实际偏差和预测误差求得的均方误差，计算公式见式 (5-8)。

$$Loss_{(x,y)} = \lambda_{coord} \sum_{i=0}^{S^2} \sum_{j=0}^{B} I_{ij}^{obj} \left[(x_i^j - \hat{x}_i^j)^2 + (y_i^j - \hat{y}_i^j)^2 \right] \tag{5-8}$$

其中，λ_{coord} 为目标框损失平衡系数；S^2 是指输入图像被分成 S×S 个网格，B 为每个网格产生的目标框个数；I_{ij}^{obj} 则通过第 i 个网格中的第 j 个目标框内是否存在被测对象来确定结果，如果存在其值为 1，否则为 0。

公式 (5-7) 中的 $Loss_{(w,h)}$ 是目标框宽高偏移损失函数，通过目标框宽 w 与高 h 的平方根差来计算其结果，计算公式见式 (5-9)。

$$Loss_{(w,h)} = \lambda_{coord} \sum_{i=0}^{S^2} \sum_{j=0}^{B} I_{i,j}^{obj} \left[(\sqrt{w_i^j} - \sqrt{\hat{w}_i^j})^2 + (\sqrt{h_i^j} - \sqrt{\hat{h}_i^j})^2 \right] \tag{5-9}$$

在实际检测中，计算不同目标的大小损失函数时，往往会出现较大的差异，而当大目标的预测框与真实框之间出现偏差较小情况时，小目标的预测框与真实框之间则会存在较大的偏差，反之亦然。

公式 (5-7) 中的 $Loss_{conf}$ 为目标置信度损失函数，计算公式见式 (5-10)。

$$Loss_{conf} = - \sum_{i=0}^{S^2} \sum_{j=0}^{B} I_{i,j}^{obj} \left[\hat{C}_i^j \log(C_i^j) + (1 - \hat{C}_i^j) \log(1 - C_i^j) \right] - $$
$$\lambda_{noobj} \sum_{i=0}^{S^2} \sum_{j=0}^{B} I_{i,j}^{noobj} \left[\hat{C}_i^j \log(C_i^j) + (1 - \hat{C}_i^j) \log(1 - C_i^j) \right] \tag{5-10}$$

其中，$I_{i,j}^{obj}$ 表示第 i 个网格第 j 个目标框如存在检测对象其值为 1，如不存在则其值为 0；而 $I_{i,j}^{noobj}$ 正好与 $I_{i,j}^{obj}$ 相反，如存在则其值为 0，如不存在则其值为 1；λ_{noobj} 表示置信度损失平衡系数；C_i^j 表示第 i 个网格第 j 个目标框的预测置信度，取值范围是 0~1；$\hat{C}_i^j$ 表示第 i 个网格第 j 个目标框实际置信度，取值范围也是 0~1。这一部分通常采用二值交叉熵（Binary Cross Entropy，BCE）进行计算，衡量模型对图像进行分类的准确度。

公式 (5-7) 中的 $Loss_{cls}$ 为目标类别损失函数，用于计算目标分类损失，计算公式见式 (5-11)。

$$Loss_{cls} = - \sum_{i=0}^{S^2} \sum_{j=0}^{B} I_{i,j}^{obj} \sum_{c \in classes} \left[\hat{P}_i^j(c) \log(P_i^j(c)) + (1 - \hat{P}_i^j(c)) \log(1 - P_i^j(c)) \right] \qquad (5\text{-}11)$$

其中，$I_{i,j}^{obj}$ 表示网格中是否存在目标。$P_i^j(c)$ 表示第 i 个网格第 j 个目标框预测类别 c 的概率；$\hat{P}_i^j(c)$ 表示第 i 个网格第 j 个目标框实际类别 c 的概率，如果是则为 1，否则为 0。这一部分同样采用二值交叉熵进行计算。

▶▶ 5.4.4 模型训练

本实例的训练硬件环境如表 5-1 所示。

表 5-1 训练环境

参　　数	型　　号
CPU	Intel Core i9 12900K CPU 3.9 GHz
GPU	NVIDA GeForce RTX 3090 GPU 64GB
系统	Ubuntu 16.05
深度学习框架	PyTorch 1.2.0

训练时，输入图像尺寸采用 416×416 像素，动量设置为 0.9，学习率在前 100 个 Epoch 时设置为 0.01，100 个 Epoch 之后设置为 0.001，权值衰减速率为 0.001。为提升对小火焰目标检测效果，训练过程中对小火焰目标进行数据扩充和增强，并采用自适应调整学习率算法，学习率与动量会根据损失函数的变化自动调整。训练过程中损失函数的变化曲线如图 5-24 所示，横坐标代表迭代次数，纵坐标代表损失值。红色曲线是训练数据的损失值，衡量训练集数据拟合能力；黄色曲线是验证集的损失值，衡量数据的拟合能力；绿色和灰色虚曲线是训练集与验证集的平滑损失值，用于确保目标图像的梯度在合理范围内，进而保证损失值更加平滑。

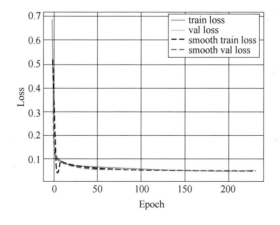

图 5-24　损失函数收敛过程

▶▶ 5.4.5　实验过程与结果

1. 评价指标

YOLO-Fire 模型的性能通过本实例自建测试集中的图像进行评估。在测试实验中，主要使用 4 个指标，分别为 F1 分数、精度（precision）、召回率（recall）与平均精确度 AP 值（Average Precision），对训练模型的性能进行评估。其计算公式见式（5-12）~式（5-15）。

$$F1 = 2\frac{precision \times recall}{precision + recall} \tag{5-12}$$

$$precision = \frac{TP}{TP+FP} \tag{5-13}$$

$$recall = \frac{TP}{TP+FN} \tag{5-14}$$

$$AP = \int_0^1 precision(recall)\,\mathrm{d}(recall) \tag{5-15}$$

其中，F1 得分是通过精度和召回率的加权平均值来评价模型的性能；精度表示为预测的正样本 TP 与实际的总样本（TP+FP）的比值；召回率表示为预测的正样本 TP 与预测的总样本（TP+FN）的比值；平均精确度 AP 值则是对精度 precision 取平均值。样本分类及含义如表 5-2 所示。

表 5-2　样本分类及含义

样本分类	样本含义
TP	真正例，实际为正样本且被预测为正样本数
FP	假正例，实际为负样本但被预测为正样本数
FN	假负例，实际为正样本但被预测为负样本数

精度和召回率均依赖于预测框与标注框交并比 IoU（Intersection-over-Union）的计算，IoU 为预测框与标注框的交集和并集之间的比率，用于衡量预测框与标注框的重合程度。如果预测框与标注框的 IoU 超过 50%，并且预测的类型和真实的类型一致，则认为该预测匹配成功，归类为 TP（True Positive）。如果预测框与标注框的重叠小于 50% 时，被归类为 FP（False Positive）。同样地，预测框与标注框的重叠大于 50%，但预测的类型和真实的类型不一致，则也会归类为 FP（False Positive）。而模型未对标注框做出任何预测的样本被归类为 FN（False Negative）。

另外需要指出的是，在进行多类别目标检测时通常会选择 mAP（mean Average Precision）平均准确率来对网络模型性能做出评价，其计算公式见式（5-16）。

$$mAP = \frac{\sum_{i=1}^{n} AP(i)}{n} \tag{5-16}$$

由于本实例的检测对象只有火焰单个类别，在 IoU 值相同的情况下，mAP 与 AP 值也是相等的，本实例的测试集均取 IoU = 50%，即选用 $AP50$ 作为测试指标 AP。

2. 网络性能分析

由于本实例采用了深度可分离卷积代替颈部特征融合网络的 3×3 普通卷积，理论上减少了网络参数量，但也会造成检测精度的损失。因此，首先在 PC 端通过实验测试 YOLOv4-tiny 采用深度可分离卷积后，模型参数量与模型精度的下降程度。具体数据对比如表 5-3 所示。

表 5-3　YOLOv4-tiny 中深度可分离卷积与普通卷积参数量与 AP 值对比

	YOLOv4-tiny 普通卷积	YOLOv4-tiny 深度可分离卷积
参数数量/个	5976424	2368626
AP/%	81.81	79.23

根据表中数据，YOLOv4-tiny 采用深度可分离卷积后，参数数量由原来的 5976424 下降到了 2368626。由此可见，采用深度可分离卷积有效减少了网络参数量和计算成本，降低了硬件要求，使其有利于后续将网络部署到嵌入式平台。但 AP 值较原来的 81.81% 下降了 2.58%，这对实际火灾检测性能会造成影响。但本实例设计了其他优化方法提升网络性能，需通过实验验证优化方法的有效性。

为了验证优化方法对于轻量化后的火焰检测网络检测性能提升效果，本实例在 PC 端通过采用不同优化方法的火焰检测网络进行对比实验。在分别通过网络训练，并不断调整优化网络参数后，获得训练结果，最后通过自建火焰验证数据集进行测试。实验对比方案采用 YOLOv4-tiny、对 YOLOv4-tiny 做轻量化处理后采用注意力机制的模型 LightYOLOv4-tiny-ECA、轻量化处理后采用多尺度特征融合的模型 LightYOLOv4-tiny-FF 以及最终的 YOLO-Fire 网络模型验证结果，选择 P-R（Precision-Recall）图来表现网络的性能变化，实验结果如图 5-25 所示。

具体 AP 值、模型大小与平均检测时间的变化如表 5-4 所示。由检测结果可知，在使用深度可分离卷积代替特征融合模块中的 3×3 普通卷积后，网络 AP 值下滑，但增加 ECA 注意力机制后，其 AP 值相比 YOLOv4-tiny 仅下降了 1.39%，而模型大小大幅减少，平均检测时间也下降了 6.12ms。在轻量化网络基础上加上多尺度特征融合方法后，AP 值相比于 YOLOv4-tiny 提高了 0.44%，达到了 82.25%，在 GPU 上平均检测时间为 14.82ms。而使用了所有优化方案后的 YOLO-Fire 的 AP 值提升到了 84.53%，不仅对于火焰的效果检测效果得到了有效提升，模型大小也减少了 1.4MB，平均检测时间相比初始 YOLOv4-tiny 降低了 0.83ms，更适合部署在硬件资源更为紧缺的嵌入式设备。

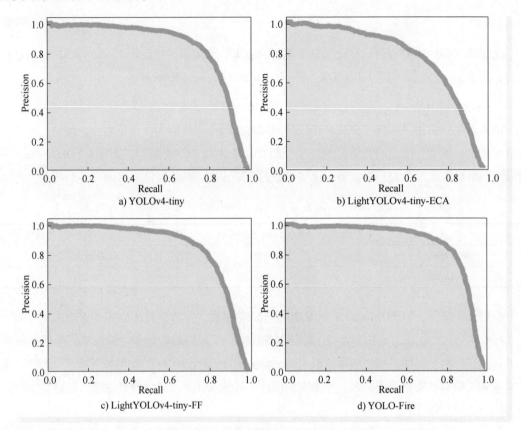

图 5-25　各阶段网络 P-R 曲线对比

表 5-4　火焰数据集上优化前后模型性能对比

方　　法	AP 值/%	模型大小/MB	平均检测时间/ms
YOLOv4-tiny	81.81	24	17.44
YOLOv4-tiny-ECA	80.42	14.3	11.32
YOLOv4-tiny-FF	82.25	16.7	14.82
YOLO-Fire	84.53	22.6	16.61

　　由于 YOLO-Fire 网络模型主要是基于 YOLOv4-tiny 网络进行改进的，因此本实例对改进前后网络的火焰检测性能进行对比分析。为此，实验在已有的火焰数据集中针对不同的火焰场景进行分类，并选择 YOLOv4-tiny 与 YOLO-Fire 进行对比测试。测试结果表明，在实际检测中，优化后的网络在不同场景下火焰检测准确度都有不同程度的提升，尤其是对于小火焰目标检测成功率提升明显，部分检测效果如图 5-26 所示。

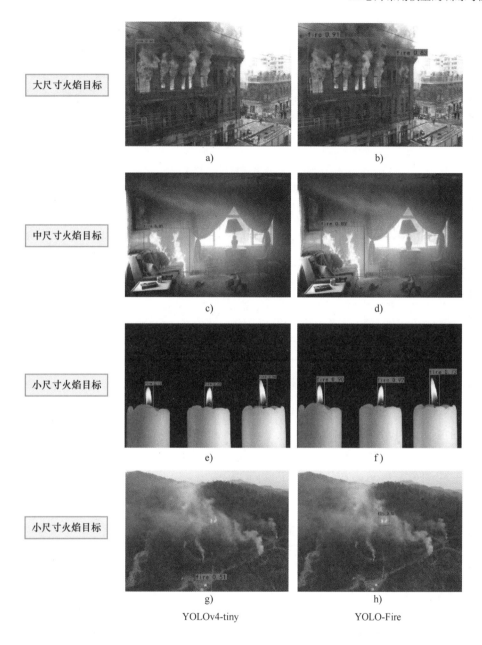

YOLOv4-tiny　　　　　　　　　　YOLO-Fire

图 5-26　大中小尺寸火焰检测对比图

从图 5-26 中的对比图可以看出，两个模型在对大尺寸与中尺寸火焰目标进行检测时均能较好地完成检测，但 YOLO-Fire 所定位的目标位置更为准确，检测也更为出色。在有干扰目标的小火焰场景下，如图 5-26gh 所示，YOLOv4-tiny 在检测时，预测框错误地框选出了近似火焰的黄桶，没有正确地检测出火焰目标，而 YOLO-Fire 则正确地检测出了小火焰目标。通过上述检测结果，进一步验证了优化后的网络切实提高了网络对于火焰的检测性能。由于 YOLO-Fire 模型的主干网络是基于 YOLOv4-tiny 网络进行改进的，因此对改进前后网络的火焰检测性能进行对比分析。为此，实验在已有的火焰数据集中针对不同的火焰场景进行了分类，划分了不同的测试数据集，并选择 YOLOv4-tiny 与 YOLO-Fire 分别进行对比测试，上述两种检测网络的检测结果如表 5-5 所示。

表 5-5　网络模型性能对比

火焰类型	YOLOv4-tiny			YOLO-Fire		
	精　　度	召　回　率	F1	精　　度	召　回　率	F1
大型火焰	0.80	0.68	0.74	0.91	0.84	0.87
中型火焰	0.74	0.65	0.69	0.87	0.79	0.83
小型火焰	0.57	0.49	0.56	0.71	0.67	0.69
森林火焰	0.79	0.63	0.70	0.88	0.82	0.85
工业火焰	0.73	0.64	0.68	0.85	0.80	0.82
室内火焰	0.71	0.55	0.66	0.83	0.76	0.75
平均	0.72	0.61	0.67	0.84	0.78	0.80

此外，为了验证 YOLO-Fire 的泛化性能，本实例单独使用 BoWFire 数据集作为测试集对训练得到的多个模型性能进行对比测试。BoWFire 数据集是由 Chino 等人设计的一个开源火焰数据集，里面包括了不同场景下的火灾图像，采用火焰颜色特征与纹理分类相结合的人工选择特征模型在 BoWFire 数据集上进行测试。将训练得到的深度学习网络模型 YOLOv3-tiny、Faster R-CNN、YOLOv4-tiny 与 YOLO-Fire 也在 BoWFire 数据集上进行对比测试，测试结果如表 5-6 所示。

表 5-6　基于 BoWFire 数据集不同火焰检测模型性能对比

方　　法	精　　度	召　回　率	F1
Chino et al.	0.51	0.65	0.57
YOLOv3-tiny	0.79	0.86	0.82
Faster R-CNN	0.81	0.93	0.87
YOLOv4-tiny	0.86	0.91	0.88
YOLO-Fire	0.88	0.92	0.90

由表中数据可以看出，基于深度学习的网络模型检测方法的各项性能指标都远优于基于传统人工选择特征模型的检测方法。而在深度学习网络模型中，本实例提出的 YOLO-Fire 的精度与 F1 分数分别为 0.88 与 0.90，在几种检测模型中表现最好，进一步验证了本实例所设计算法

的泛化性与可行性。将训练获得的权重与偏差值暂时提取保存，方便后续在嵌入式硬件平台进行相关量化与部署工作。

5.5 本章小结

本章介绍了 AI 芯片常用模型的训练与轻量化。不仅深入介绍了深度学习模型的训练过程，常用的优化算法，还讲解了如何在资源有限的环境下实现模型的轻量化。并通过实例加以说明，从而使读者能够认识实际应用中权衡模型的性能和资源消耗。

5.6 本章习题

1. 介绍常用的 AI 芯片模型训练流程，并对每个步骤进行详细说明。

2. 分析常见的 AI 芯片模型训练中遇到的挑战，并提出相应的解决方案。

3. 探讨在 AI 芯片模型训练中如何处理大规模数据集，以提高训练效率和模型性能。

4. 讨论在 AI 芯片模型训练中常用的优化算法，以及它们的优缺点。

5. 对 AI 芯片模型训练中的超参数调优技术进行比较和分析。

6. 分析在 AI 芯片模型训练中常用的并行计算技术，以加速训练过程。

7. 讨论在 AI 芯片模型训练中如何进行模型评估和性能调优。

8. 探讨 AI 芯片模型训练过程中的常见错误和故障排除方法。

9. 分析 AI 芯片模型训练中的可解释性和可靠性问题，并提出解决方案。

10. 探讨 AI 芯片模型训练与传统计算机视觉模型训练的异同点。

11. 对 AI 芯片模型训练中的安全问题进行讨论，并提出相应的保护措施。

12. 分析 AI 芯片模型训练过程中的硬件和软件协同优化技术，以提高模型性能和效率。

13. 探讨在 AI 芯片模型训练中的自动化技术，以减少人工干预和提高训练效率。

14. 对 AI 芯片模型训练中的多模态数据处理技术进行分析和比较。

15. 探讨 AI 芯片模型训练与推理之间的关系，以及它们在实际应用中的差异。

16. 分析在 AI 芯片模型训练中常用的开源框架和工具，并对它们的特点进行比较。

17. 讨论在 AI 芯片模型训练中的可持续发展问题，以及如何实现模型的可重复性和可复用性。

18. 对 AI 芯片模型训练中的知识蒸馏技术进行分析和评价。

19. 探讨 AI 芯片模型训练在边缘设备上的部署和优化方法。

20. 分析 AI 芯片模型训练中的自适应学习技术，并讨论其在实际应用中的潜力和局限性。

第6章

▶▶▶▶▶▶

模型的推理框架——ONNX Runtime

ONNX Runtime 是一个用于推理的高性能引擎，它支持 ONNX（Open Neural Network Exchange）格式模型。ONNX 是一个开放的标准，允许在不同的深度学习框架之间共享模型。ONNX Runtime 为各种硬件和操作系统提供了高效的推理引擎，包括 CPU、GPU 和专用加速器，可以用于移动设备、边缘计算、云计算等各种场景，实现快速且高效的模型推理。ONNX Runtime 提供了 C++、Python 和 C# 的 API，使开发者能够方便地集成和部署模型，并提供了丰富的优化和加速选项，以提高推理性能和效率。本章将对 ONNX Runtime 进行详细介绍。

6.1 ONNX Runtime 概述

ONNX Runtime（Open Neural Network Exchange Runtime）是一个由微软开发和维护的深度学习模型推理引擎，其设计初衷是提供一个高性能、跨平台的解决方案，可以在各种操作系统和硬件平台上灵活地执行深度学习模型推理。

ONNX Runtime 的跨平台特性使在不同设备上运行深度学习模型变得更加简便。它不仅支持多种操作系统，包括 Windows、Linux 和 macOS，还能在各种硬件平台，如 CPU、GPU 和辅助加速器上运行，为用户提供了很好的灵活性和便利性。

ONNX Runtime 是根据 ONNX（Open Neural Network Exchange）格式设计的，这是一个开放标准，用于表示深度学习模型。这使 ONNX Runtime 能够轻松加载和运行符合 ONNX 规范的模型，无论这些模型是使用哪个深度学习框架训练的，为用户提供更高的兼容性和扩展性。

ONNX Runtime 被精心设计为高性能推理引擎。它针对不同的硬件平台进行优化，并利用硬件加速（如 GPU），以实现快速的模型推理，从而提供高效的推理解决方案。

ONNX Runtime 支持多种深度学习框架，包括 PyTorch、TensorFlow、Caffe2 等，这使得开发人员可以更自由地选择适合其任务的框架，并在不同框架之间共享和运行模型，为用户带来更高的灵活性和自由度。

ONNX Runtime 提供了一些高级功能，如模型优化、量化和多线程执行，进一步提高性能和资源利用率，为用户提供了更加强大和灵活的工具。

ONNX Runtime 作为一个功能强大的深度学习模型推理引擎，为开发人员在不同平台上高效执行深度学习模型提供了可靠的支持。其跨平台性、高兼容性和高性能使其成为一个备受欢迎的工具，可广泛应用于计算机视觉、自然语言处理和语音识别等多个领域，满足用户多样化的需求。

6.2 ONNX Runtime 推理流程

▶▶ 6.2.1 安装环境

（1）在 Ubuntu 上安装 scikit-learn

通过使用命令 pip install scikit-learn 安装 scikit-learn。scikit-learn 是一个流行的机器学习库，其中包括各种用于机器学习和数据分析的工具。它的原理是提供多种机器学习算法，包括逻辑回归等，以帮助用户进行模型训练和预测。

```
pip install scikit-learn
```

（2）在 Ubuntu 上安装 ONNX 以及相关依赖

这一步是为了安装 ONNX 库以及其相关依赖。ONNX 是一个用于表示深度学习模型的标准格式，它可以在不同的深度学习框架之间交换模型。下面是每个安装步骤的原理。

1）pip3 install numpy：安装 NumPy 库这一 Python 中用于科学计算的核心库，它提供了多维数组和数学函数。

2）pip3 install protobuf：安装 Protocol Buffers 库这一用于高效地序列化和反序列化数据。

3）sudo apt-get install protobuf-compiler libprotoc-dev：安装 Protocol Buffers 编译器和开发库，以支持 ONNX 的序列化和反序列化。

4）pip3 install onnx：安装 ONNX 库，用于加载和保存深度学习模型。

5）pip3 install skl2onnx：安装 scikit-learn 到 ONNX 模型的转换器，从而能够将 scikit-learn 模型导出为 ONNX 格式。

```
pip3 install numpy
pip3 install protobuf
sudo apt-get install protobuf-compiler libprotoc-dev
pip3 install onnx
pip3 install skl2onnx
```

（3）在 Ubuntu 上安装 ONNX Runtime

ONNX Runtime 是用于在不同硬件上执行 ONNX 模型的运行时引擎，可以选择安装 CPU 版本或 GPU 版本，具体取决于硬件支持。原理如下。

- 安装 CPU 版本：pip install scipyonnx-simplifier。提供一个在 CPU 上运行 ONNX 模型的环境。
- 安装 GPU 版本：pip install onnxruntime-gpu。适用于支持 GPU 的系统，允许更快的模型推理。

安装 CPU 版本。

```
pip install scipyonnx-simplifier
```

或者安装 GPU 版本（需要有 GPU 支持）。

```
pip install onnxruntime-gpu
```

验证安装。

```
python3
>>>import onnxruntime as rt
>>>rt.get_device()
```

▶▶ 6.2.2　训练模型

在这里使用 scikit-learn 提供的 Iris 数据集（也称鸢尾花卉数据集）。注意：所有步骤的所有代码直接放在同一个 Python 文件就能运行。

步骤如下。

1）导入数据。代码导入了 Iris 数据集，这是一个常用的机器学习示例数据集，包括三个不同种类的鸢尾花的测量数据。X 包含特征，Y 包含目标类别。

2）数据拆分。使用 train_test_split 函数将数据集分成训练集和测试集，以便在模型训练和评估之间保持独立性，有助于验证模型的泛化性能。

3）选择分类器。选择逻辑回归分类器（Logistic Regression），并设置了 max_iter 参数以确保模型在训练时收敛。逻辑回归是一种用于分类任务的线性模型，它试图找到一个超平面，以最好地分离不同的类别。

4）模型训练。使用 fit 方法来训练逻辑回归模型，这意味着模型会根据提供的训练数据来学习如何分类不同的鸢尾花种类。在训练期间，模型会调整权重和偏差以最小化损失函数，从而找到最佳的分类超平面。

代码如下。

```
#sklearn_train.py
from sklearn.datasets import load_iris
from sklearn.model_selection import train_test_split
iris = load_iris()
X, y = iris.data, iris.target
X_train, X_test, y_train, y_test = train_test_split(X, y)
from sklearn.linear_model import LogisticRegression
clr =LogisticRegression(max_iter=3000)
clr.fit(X_train, y_train)
print(clr)
```

5）输出。最后，输出显示了训练好的逻辑回归模型的一些参数，包括 max_iter 参数。这个参数代表了模型在训练期间迭代的次数。

```
LogisticRegression(max_iter=3000)
```

▶▶ 6.2.3 将模型转换导出为 ONNX 格式

ONNX 是一种用于表示深度学习模型的开放格式，它定义了一组和环境、平台均无关的标准格式，来增强各种 AI 模型的可交互性。换句话说，无论使用何种训练框架训练模型，在训练完毕后都可以将这些框架的模型统一转换为 ONNX 格式进行存储。ONNX 文件不仅存储了神经网络模型的权重，同时也存储了模型的结构信息以及网络中每一层的输入/输出和一些其他的辅助信息。

将机器学习模型转换并导出为 ONNX 格式通常涉及使用相应的工具和库来执行此操作。以下是一般步骤：

1）选择支持 ONNX 的框架。首先，确保机器学习模型是使用支持 ONNX 格式的框架（如 PyTorch、TensorFlow、scikit-learn 等）训练的。大多数主要的深度学习框架都支持 ONNX 导出。

2）安装 ONNX 工具。例如 ONNX Runtime、ONNX-TF（TensorFlow 的 ONNX 转换器）、ONNX-Core ML（Core ML 的 ONNX 转换器）等，具体取决于需求和使用的框架。

3）导出模型。使用框架提供的工具将模型导出为 ONNX 格式。以 PyTorch 为例，首先确保已经安装了 PyTorch 和 ONNX 工具，接下来进行以下步骤。

1）导入所需要的库。

```
import torch
import torchvision
```

2）加载模型。加载已经训练好的 PyTorch 模型。在这个示例中，将使用一个预训练的 ResNet 模型。

```
model =torchvision.models.resnet18(pretrained=True)
```

3）准备输入数据。创建一个示例的输入张量，以便 PyTorch 知道模型的输入形状。确保输入数据的形状与模型的输入匹配。

```
#示例输入张量,形状为 (batch_size, channels, height, width)
input_tensor = torch.randn(1, 3, 224, 224)
```

4）导出模型为 ONNX。使用 torch.onnx.export 函数导出模型为 ONNX 格式。需要提供模型、输入张量、导出的文件名以及其他选项（例如，是否需要进行推理或训练模式的导出，输出节点的名称等）。

```
output_model_path = "model.onnx"
torch.onnx.export(model,input_tensor,output_model_path,verbose=True, input_names
=['input'], output_names=['output'])
```

▶▶ 6.2.4　使用 ONNX Runtime 加载运行模型

使用 ONNX Runtime 加载和运行 ONNX 模型，首先加载 ONNX 模型，创建一个 ONNX Runtime 的推理会话，然后提供输入数据运行模型并输出结果，可以使用 ONNX Runtime 或其他 ONNX 解释器来验证导出的 ONNX 模型是否能够正确运行。

```
import onnx
import onnxruntime as ort
#加载 ONNX 模型
onnx_model = onnx.load(output_model_path)
#创建 ONNX Runtime 的推理会话
ort_session = ort.InferenceSession(onnx_model.SerializeToString())
#准备输入数据
input_data = input_tensor.numpy()
#运行推理
outputs = ort_session.run(None, {'input': input_data})
#输出结果
print(outputs)
```

运行上述代码将在 ONNX Runtime 中加载并运行 ONNX 模型，输出模型的结果。确保将示例中的 output_model_path 和 input_data 替换为自己的模型文件路径和输入数据。

6.3　ONNX 格式转换工具

▶▶ 6.3.1　MXNet 转换成 ONNX

MXNet（MatriX Network）是一款强大的深度学习框架，旨在支持广泛的机器学习模型开发和训练，尤其是深度神经网络。MXNet 最初由华盛顿大学的项目团队开发，后来由 Apache 软件基金会孵化，成为一个备受欢迎的开源项目。其使命是提供高效、灵活且易于使用的深度学习工具，以促进研究、开发和部署各种人工智能应用。

最新的 MXNet 1.9 版本引入了一系列其他功能，特别是 MXNet 到 ONNX 输出模块（mx2onnx）的重大更新。该模块支持动态输入形状，使用户能够更灵活地处理各种输入数据，并提供更广泛的运算符和模型覆盖，从而增强深度学习模型的兼容性和性能。这些改进使 MXNet 成为开发者和研究人员的首选工具，用于构建、训练和部署复杂的神经网络，应用于计算机视觉、自然语言处理，以及各种其他领域的人工智能应用。

接下来将详细介绍在 MXNet 中应用 mx2onnx 输出程序，特别是在预训练模型上的应用。借助 MXNet 的强大功能，将深度学习模型转换为 ONNX 格式，以满足不同平台和框架的需求。

（1）前提条件

首先，确保已经安装了 MXNet 和 ONNX 的 Python 库。MXNet 是一个强大的深度学习框架，它提供了创建、训练和部署机器学习模型的工具。ONNX 是一个开放标准，用于表示和交换深度学习模型。安装 ONNX 库能够将深度学习模型从一个框架转换到另一个框架，或在不同平台上部署模型。

以下是安装命令，其中 XXX 代表 CUDA 版本（如果不使用 GPU，则不需要安装 mxnet-cuXXX）：

```
pip install mxnet-cuXXX
pip install onnx
pip install onnx-mxnet
```

（2）从 MXNet 模型库下载模型

在使用 MXNet 将深度学习模型转换为 ONNX 之前，需要下载预训练的模型和与之相关的标签文件。这些文件通常包括模型的权重和结构，以及类别标签。结构文件通常以.json 扩展名结尾，而参数文件则以.params 扩展名结尾。它们是深度学习模型的核心，MXNet 将使用这些信息构建模型。类别标签文件（通常称为 "synset" 文件）对于将模型的输出解释为可读标签非常重要。

以下代码展示了从 MXNet Model Zoo 下载预训练的 ResNet-18 ImageNet 模型以及相应的 synset 文件。这些文件将作为 MXNet 模型的基础，在此基础上执行 MXNet 到 ONNX 的模型导出操作，以实现模型的跨平台部署和互操作性。

```
path='http://data.mxnet.io/models/imagenet/'
[mx.test_utils.download(path+'resnet/18-layers/resnet-18-0000.params'),
mx.test_utils.download(path+'resnet/18-layers/resnet-18-symbol.json'),
mx.test_utils.download(path+'synset.txt')]
```

（3）MXNet 到 ONNX 导出器（mx2onnx）API

MXNet 提供了 mx2onnx 输出模块，它允许将 MXNet 模型导出为 ONNX 格式。以下是该模块的 API，用于导出模型。

```
mx.onnx.export_model(sym, params, in_shapes=None, in_types=<class 'numpy.float32'>,
onnx_file_path='model.onnx', verbose=False, dynamic=False, dynamic_input_shapes=
None, run_shape_inference=False, input_type=None, input_shape=None)
```

检查 MXNet 的 export_model API。

```
help(mx.onnx.export_model)
```

输出结果如下。

```
Help on function export_modelin modulemxnet.onnx.mx2onnx._export_model:
export_model(sym, params, in_shapes=None, in_types=<class 'numpy.float32'>, onnx_
file_path='model.onnx', verbose=False, dynamic=False, dynamic_input_shapes=None, run_
shape_inference=False, input_type=None, input_shape=None)
Exports theMXNet model file, passed as a parameter, into ONNX model.
Accepts both symbol, parameter objects as well asjson and paramsfilepaths as input.
Operator support and coverage -
https://github.com/apache/mxnet/tree/v1.x/python/mxnet/onnx#operator-support-matrix
Parameters
----------
sym : str or symbol object
    Path to thejson file or Symbol object
params : str or dict or list of dict
    str - Path to theparams file
dict-params dictionary (Including both arg_params and aux_params)
    list - list of length 2 that contains arg_params and aux_params
in_shapes : List oftuple
    Input shape of the model e.g [(1,3,224,224)]
in_types : data type or list of data types
    Input data type e.g.np.float32, or [np.float32, np.int32]
onnx_file_path : str
    Path where to save the generatedonnx file
verbose : Boolean
    If True will print logs of the model conversion
dynamic: Boolean
    If True will allow for dynamic input shapes to the model
dynamic_input_shapes: list oftuple
    Specifies the dynamic input_shapes.If None then all dimensions are set to None
run_shape_inference : Boolean
    If True will run shape inference on the model
input_type : data type or list of data types
```

```
        This is the old name of in_types.We keep this parameter name for backward compati-
bility
    input_shape : List oftuple
        This is the old name of in_shapes.We keep this parameter name for backward compat-
ibility
    Returns
    -------
    onnx_file_path : str
    Onnx file path

    Notes
    -----
    This method is available when you ``importmxnet.onnx``
```

API export_model 可以通过以下方式之一接受 MXNet 模型，以便在不同场景中灵活应用。

（1）使用 MXNet 导出的 JSON 和 Params 文件

这种方式适用于已经训练好的模型，将它们转换为 ONNX 格式以在不同的深度学习框架或平台上使用。通过提供模型的 JSON 结构文件和 Params 参数文件，可以利用 MXNet 的强大功能进行模型转换。

（2）使用 MXNet Symbol 和 Params 对象

在模型训练过程中，当训练结束后，可以使用训练得到的 MXNet 符号（Symbol）和参数对象（Params）来将模型保存为 ONNX 格式，这种方式适用于正在开发和训练模型的情况。参数对象可以是包含模型参数和辅助参数的单个对象，也可以是包含参数和辅助参数的列表。

因为之前已经下载了预训练的模型文件，所以在此示例中，将采用第一种方式，使用导出模型 API，通过提供模型的 JSON 结构和 Params 参数文件来实现 MXNet 模型到 ONNX 格式的转换。这可以将训练好的模型快速导出为 ONNX 格式，以满足不同平台和深度学习框架的需求。无论是要使用已有模型还是在模型训练中，export_model API 都提供了灵活的方式来完成 MXNet 到 ONNX 的模型导出操作。

（3）使用 mx2onnx 导出模型

前往 MXNet 官网 https://mxnet.apache.org/versions/1.9.1/api/python/docs/tutorials/deploy/export/onnx.html。

使用下载的预训练模型文件（symbol 和 params）以及其他定义好的参数将模型导出为 ONNX 格式。

```
# Downloaded input symbol and params files
sym = './resnet-18-symbol.json'params = './resnet-18-0000.params'
# Standard Imagenet input - 3 channels, 224 * 224
```

```
in_shapes = [(1, 3, 224, 224)]in_types = [np.float32]
# Path of the output file
onnx_file = './mxnet_exported_resnet18.onnx'
```

已经定义了 export_model API 所需的输入参数。现在，将 MXNet 模型转换为 ONNX 格式。

```
# Invoke export model API.It returns path of the convertedonnx model
converted_model_path=mx.onnx.export_model(sym, params, in_shapes, in_types, onnx_file)
```

（4）动态输入形状

如果需要支持动态输入形状，可以设置 dynamic＝True，并指定动态输入形状。

```
# The first input dimension will be dynamic in this case
dynamic_input_shapes = [(None, 3, 224, 224)]
converted_model_path =
mx.onnx.export_model(sym, params, in_shapes, in_types,onnx_file,dynamic＝True,dy-
namic_input_shapes＝dynamic_input_shapes)
```

（5）验证导出的 ONNX 模型

最后，可以使用 ONNX 检查器工具验证导出的 ONNX 模型的正确性，有助于确保模型的有效性和一致性。

```
from onnx import checkerimport onnx
# Load the ONNX model
model_proto =onnx.load_model(converted_model_path)
# Check if the converted ONNXprotobuf is valid
checker.check_graph(model_proto.graph)
```

（6）简化导出的 ONNX 模型

由于 MXNet 和 ONNX 的操作规范在某些方面存在差异，有时在将模型从 MXNet 转换为 ONNX 时，需要创建一些额外的辅助算子或节点。在这个过程中，可能需要进行常量折叠、算子融合等操作，以适应 ONNX 的规范。这些额外的步骤可以确保导出的 ONNX 模型在不同的深度学习框架和平台上能够正确运行。

为了简化这一复杂的转换过程，建议用户考虑使用 ONNX-Simplifier 工具。ONNX-Simplifier 提供了一系列功能，包括常量折叠和算子融合等技术，可以极大简化导出的 ONNX 模型。通过使用 ONNX-Simplifier，可以更轻松地调整模型，使其在各种目标平台上表现出色，并减少了在手动调整 ONNX 模型时的工作量。这一工具是在将深度学习模型从 MXNet 转换为 ONNX 过程中的强大助手，确保模型能够无缝运行，并减少了不必要的复杂性。

▶▶ 6.3.2 TensorFlow 转换成 ONNX

TensorFlow 模型（包括 Keras 和 TFLite 模型）使用 tf2onnx 工具转换成 ONNX 格式模型。

1）tf2onnx 安装。

```
#安装 tensorflow
pip install tensorflow
```

或者使用快速下载命令安装。

```
pip3 install tensorflow -i http://pypi. douban. com/simple --trusted-host pypi.
douban.com
```

在已经安装了 TensorFlow 的 Python 环境中安装 tf2onnx。

```
pip install tf2onnx
```

2）转换模型。

Keras 模型可以使用 tf 函数直接转换。

```
import tensorflow as tf
import tf2onnx
import onnx

model = tf.keras.Sequential()
model.add(tf.keras.layers.Dense(4, activation="relu"))

input_signature = [tf.TensorSpec([3, 3], tf.float32, name='x')]
# Use from_function for tf functions
onnx_model, _ = tf2onnx.convert.from_keras(model, input_signature, opset=13)
onnx.save(onnx_model, "model.onnx")
```

运行后会生成 model.onnx 文件。

3）使用命令行转换 TensorFlow 模型。

转换 TensorFlow 模型并保存，命令如下。

```
python3 -m tf2onnx.convert --saved-model model.pd --output model.onnx --opset 13
```

model.pd 是通过 TensorFlow 通过数据集训练出来的模型文件（扩展名为.pd）。

model.onnx 是通过 tf2onnx 转换后的模型文件（扩展名为.onnx）。

4）使用命令行转换 TFLite 模型。

tf2onnx 支持转换 TFLite 模型。命令如下。

```
python3 -m tf2onnx.convert --tflitemodel.tflite --output model.onnx --opset 13
```

model.tflite 是 TFLite 模型文件（扩展名为.tflite）。

5）验证转换的模型。

使用以下模板在 Python 中测试模型。

```
import onnxruntime as ort
import numpy as np

input1 = np.zeros((1, 100, 100, 3), np.float32)

sess = ort.InferenceSession("dst/path/model.onnx", providers=ort.get_available_
providers())

results_ort = sess.run(["output1", "output2"], {"input1": input1})

import tensorflow as tf
model = tf.saved_model.load("path/to/savedmodel")
results_tf = model(input1)

for ort_res, tf_res in zip(results_ort, results_tf):
np.testing.assert_allclose(ort_res, tf_res, rtol=1e-5, atol=1e-5)
print("Results match")
```

以上代码首先导入了所需的库，然后创建了一个输入张量 input1，它是一个大小为（1，100，100，3）的全零浮点数数组。接下来，使用 ONNX Runtime 加载转换后的 ONNX 模型，并通过 run 方法运行模型，将结果保存在 results_ort 中。然后，使用 tf.saved_model.load 加载 TensorFlowSavedModel，并使用加载的模型运行输入张量 input1，将结果保存在 results_tf 中。最后，使用 np.testing.assert_allclose 函数逐个比较 results_ort 和 results_tf 中的结果，确保它们在给定的容差范围内相等。如果所有结果都匹配，则打印出"Results match"。

▶▶ 6.3.3 PyTorch 转换成 ONNX

本小节介绍将 PyTorch 模型转换为 ONNX 格式，并使用 ONNX Runtime 来运行这些模型。同时将探讨如何比较 ONNX 模型和 PyTorch 模型的输出。

（1）安装依赖

在此步骤中，必须安装两个重要的 Python 库，即 onnx 和 onnxruntime。onnx 库用于创建和操作 ONNX 模型，而 onnxruntime 库提供了高性能的运行时引擎，用于在不同硬件平台上运行 ONNX 模型。ONNX 是一种开放的深度学习模型表示格式，可在不同的深度学习框架之间共享和部署模型。安装命令如下。

```
pip install onnx
pip install onnxruntime
```

（2）PyTorch 模型转换为 ONNX

在这一步骤中，使用 torch.onnx.export 函数将 PyTorch 模型转换为 ONNX 格式。此函数的原理是遍历 PyTorch 模型的计算图, 将计算图中的操作映射到等效的 ONNX 操作, 最终构建一个等效的 ONNX 模型。这个过程确保了 PyTorch 模型可以在不同的深度学习框架和硬件上进行部署。通过此过程, 获得了一个可移植的模型, 可以在不同的环境中运行。torch.onnx.export 函数的参数说明如下。

- model: 需要导出的 PyTorch 模型。
- args: 模型的输入参数, 要保证输入层的 shape 正确。
- path: 输出的 ONNX 模型的位置。
- export_params: 指定是否导出可训练的参数, 默认为 True, 表示导出已经训练好的模型。
- verbose: 是否打印模型转换信息, 默认为 False。
- input_names: 输入节点名称, 默认为 None。
- output_names: 输出节点名称, 默认为 None。
- do_constant_folding: 是否使用常量折叠, 一般默认为 True。
- dynamic_axes: 用于处理可变输入/输出的情况, 例如 RNN 或 batch 大小可变, 有不同的设置方式。

以下示例代码展示了如何将 PyTorch 模型转换为 ONNX 模型并将其保存到文件中

```python
import torch
import onnx

model = torch.load('best.pt')
model.eval()
input_names = ['input']
output_names = ['output']
x = torch.randn(1, 3, 32, 32, requires_grad=True)
torch.onnx.export(model, x, 'best.onnx', input_names = input_names, output_names =
output_names, verbose=True)
```

(3) 运行 ONNX 模型

运行 ONNX 模型需要以下几个步骤。首先, 加载已经转换为 ONNX 格式的模型。然后, 使用 onnx.checker.check_model 函数来检查模型的有效性, 此检查确保模型没有语法错误或不一致之处, 从而避免运行时发生错误。最后, 使用 ONNX Runtime 来运行模型。ONNX Runtime 根据硬件和优化级别执行模型的计算, 这允许在不同的硬件平台上高效地运行模型, 同时保持模型的精确性。

示例代码如下:

```python
import onnx
import onnxruntime as ort
```

```
model =onnx.load('best.onnx')
onnx.checker.check_model(model)
session = ort.InferenceSession('best.onnx')
x = np.random.randn(1, 3, 32, 32).astype(np.float32) #注意输入数据类型必须是 np.
float32
outputs = session.run(None, input={'input': x})
```

（4）参数说明

在这一步骤中，提供有关函数参数的更多解释。例如，output_names 参数用于指定要返回的输出节点的名称和顺序。而 input 参数用于传递输入数据给模型。这些参数的正确设置是确保模型正确运行的关键。

（5）比对 ONNX 和 PyTorch 模型的输出

在这一步骤中，使用 NumPy 库进行输出比对。这是为了确保 ONNX 模型和 PyTorch 模型的输出非常接近，即它们的误差很小。这一步骤非常重要，因为它验证了 ONNX 模型的可靠性和正确性，同时也确保了转换过程的准确性。

深入了解每个步骤的原理，可以更好地理解如何将 PyTorch 模型转换为 ONNX 格式，并在不同的环境中运行这些模型。这个过程有助于实现深度学习模型的跨框架和跨硬件的部署。同时，ONNX 和 ONNX Runtime 提供了强大的工具，使这一过程更加高效和可靠。

6.4 ONNX Runtime 示例：逻辑回归算法（基于 scikit-learn 的实现）

▶▶ 6.4.1 ONNX Runtime 模型运行过程

ONNX Runtime 提供了一种在 CPU 或 GPU 上运行高性能机器学习模型的简单方法，而无须依赖训练框架。机器学习框架通常针对批处理训练进行优化而不是预测，预测在应用程序、站点和服务中更常见。整体流程如下。

1）使用选中的框架训练模型。

2）将模型转换或导出为 ONNX 格式。

3）使用 ONNX Runtime 加载并运行模型。

以下示例在 Ubuntu 上验证学习，使用 scikit-learn 训练模型，将其转换成 ONNX 格式并运行。

注意：如果安装过程缺少其他文件，请自行搜索并进行安装。

在 Ubuntu 上，安装 scikit-learn。

```
pip install scikit-learn
```

在 Ubuntu 上，安装 ONNX 以及相关依赖。

```
pip3 install numpy
pip3 install protobuf
sudo apt-get install protobuf-compiler libprotoc-dev
pip3 install onnx
pip3 install skl2onnx
```

在 Ubuntu 上，安装 ONNX Runtime。

安装 CPU 版本。

```
pip install scipyonnx-simplifier
```

或者安装 GPU 版本（需要有 GPU 支持）。

```
pip install onnxruntime-gpu
```

验证安装，运行效果图如图 6-1 所示。

```
python3
>>>import onnxruntime as rt
>>>rt.get_device()
```

```
gangqiang@ubuntu:~/TDA4VM/ONNX/model_py$ python3
Python 3.6.9 (default, Mar 15 2022, 13:55:28)
[GCC 8.4.0] on linux
Type "help", "copyright", "credits" or "license" for more information.
>>> import onnxruntime as rt
>>> rt.get_device()
'CPU'
```

图 6-1　运行效果图

6.4.2　训练模型

在这里使用 sklearn 中提供的 Iris 数据集。注意：所有步骤的所有代码直接放在同一个 python 文件就能运行。

代码如下。

```
#sklearn_train.py
from sklearn.datasets import load_iris
from sklearn.model_selection import train_test_split
iris = load_iris()
X, y = iris.data, iris.target
X_train, X_test, y_train, y_test = train_test_split(X, y)
```

```
from sklearn.linear_model import LogisticRegression
clr =LogisticRegression(max_iter=3000)
clr.fit(X_train, y_train)
print(clr)
```

输出结果如下。

```
LogisticRegression(max_iter=3000)
```

▶▶ 6.4.3　将模型转换导出为 ONNX 格式

使用 ONNXMLTools 将模型转换并导出为 ONNX 格式，具体代码如下。

```
from skl2onnx import convert_sklearn
from skl2onnx.common.data_types import FloatTensorType

initial_type = [('float_input',FloatTensorType([None, 4]))]
onx = convert_sklearn(clr, initial_types=initial_type)
with open("logreg_iris.onnx", "wb") as f:
f.write(onx.SerializeToString())
```

代码运行结束后将在程序目录创建 logreg_iris.onnx 文件。

▶▶ 6.4.4　使用 ONNX Runtime 加载运行模型

使用 ONNX Runtime 计算此机器学习模型的预测结果，代码如下。

```
import numpy
import onnxruntime as rt
sess = rt.InferenceSession("logreg_iris.onnx", providers=rt.get_available_providers())
input_name = sess.get_inputs()[0].name
pred_onx = sess.run(None, {input_name: X_test.astype(numpy.float32)})[0]
print(pred_onx)
```

输出的预测结果如下。

```
[2 0 1 2 2 0 1 2 1 0 0 2 0 1 0 2 1 2 2 2 2 2 2 1 0 2 0 1 2 1 2 2 2 0 1 1 0 1]
```

▶▶ 6.4.5　ONNX Runtime 中实现逻辑回归算法实例

逻辑回归（Logistic Regression）是一种用于解决分类问题的统计学习方法。尽管其名称中包含"回归"一词，但逻辑回归实际上是一种分类算法，用于将输入数据分为两个或多个不同的类别。逻辑回归通常被用于二元分类问题，目标是将数据分为两个类别（通常是 0 和 1），它也可以用于多类分类问题。

以下是逻辑回归的主要特点和工作原理。

线性模型：逻辑回归基于一个线性模型，通过线性组合输入特征的权重来预测输出。这个线性组合的结果通常被传递给一个逻辑函数（也称为 Sigmoid 函数），该函数将连续的输出值转换为 0~1 之间的概率值。

Sigmoid 函数：Sigmoid 函数是逻辑回归中的核心部分，它将线性组合的结果转换为概率值。

决策边界：逻辑回归将数据映射到概率空间，然后根据一个阈值（通常是 0.5）将数据分为两个类别。这个阈值可以根据需要进行调整，以平衡精确度和召回率。

最大似然估计：逻辑回归的训练过程涉及参数的估计，通常使用最大似然估计来确定最佳参数值。最大似然估计的目标是使模型的预测概率尽可能接近实际观测到的类别。

特征工程：逻辑回归的性能通常受到特征选择和工程的影响，选择重要特征并进行必要的数据预处理是提高模型性能的关键。

逻辑回归在实际应用中非常有用，特别是在以下情况下。

- 二元分类问题，如垃圾邮件检测、疾病诊断等。
- 多类分类问题，如手写数字识别。
- 用于解释性建模，可以轻松解释各个特征对分类结果的影响。
- 作为其他机器学习算法的基准模型，以便与其他模型进行比较。

需要注意的是，逻辑回归通常在线性可分的问题上表现较好，但对于非线性问题，可能需要引入特征工程或使用更复杂的分类算法。

要在 ONNX Runtime 中实现逻辑回归算法，首先需要将已经训练好的逻辑回归模型转换为 ONNX 格式，然后使用 ONNX Runtime 来运行该模型。下面是一个基于 scikit-learn 训练的逻辑回归模型的示例，具体步骤如下。

1）导入所需的相关库。

```
#导入所需的库
import numpy as np
import onnx
import onnxruntime as ort
from sklearn.datasets import oad_iris
from sklearn .model1_selection import train_test_split
from sklearn.linear_model1 import LogisticRegression
from sklearn.metrics import accuracy_scorefrom sk12onnx import convert
from sk12onnx.common .data_types import FloatTensorType
```

2）创建并训练逻辑回归函数。

```
#加载示例数据集
data = load_iris()
X, y = data.data, data.target

#将数据分为训练集和测试集
X_train, X_test, y_train, y_test = train_test_split(x, y, test_size=0.2, random_
state=42)

#创建并训练逻辑回归模型
mode1 = LogisticRegression(max_iter=1000)
model.fit(x_train, y_train)

#将训练好的逻辑回归模型转换为 ONNX 格式
initial_type=[('input',FloatTensorType([None,4]))]
onx=convert(mode1,initial_types=initial_type)

#保存 ONNX 模型为文件
onnx.save_mode1(onx,'ogistic_regression .onnx')

#使用 ONNX Runtime 加载模型
ort_session =ortInferenceSession('logistic_regression.onnx')
```

3）输入测试数据，对模型进行测试。

```
#准备测试数据
X_test = X_test.astype(np ,float32)

#运行 ONNX 模型进行预测
input_name = ort_session .get_inputs()[0].name
output_name = ort_session .get_outputs()[O].name
onnx_predictions = ort_session.run([output_name].(input_name: X_test;)[0]

#计算模型的准确率
y_pred = np .argmax(onnx_predictions ,axis=1)
accuracy = accuracy_score(y_test,y_pred)
print(f 模型准确率: {accuracy])
```

6.5 本章小结

本章介绍了 ONNX Runtime 在深度学习模型推理方面的应用。对 ONNX Runtime 进行了概述；详细介绍了 ONNX Runtime 的推理流程；帮助读者理解 ONNX Runtime 在模型推理过程中的工作原理；介绍了 ONNX 格式转化工具；以逻辑回归算法为例，演示了如何使用 ONNX

Runtime 实现模型推理。通过本章的学习，读者可以更好地应用 ONNX Runtime 进行深度学习模型推理。

6.6 本章习题

1. ONNX Runtime 为什么被称为模型的推理框架？

2. 在 ONNX Runtime 中，训练模型的过程包括哪些步骤？

3. 如何将训练好的模型转换并导出为 ONNX 格式？

4. 使用 ONNX Runtime 加载和运行模型的步骤是什么？

5. MXNet、TensorFlow 和 PyTorch 分别如何将模型转换成 ONNX 格式？

6. ONNX Runtime 示例中的逻辑回归算法是基于哪个机器学习库的？

7. ONNX Runtime 模型运行过程中是否需要进行模型训练？

8. 在 ONNX Runtime 示例中，如何将训练好的逻辑回归模型导出为 ONNX 格式？

9. 使用 ONNX Runtime 加载和运行逻辑回归模型的具体步骤是什么？

10. 本章的主要内容是什么，可以用几句话概括？

第7章

▶▶▶▶▶▶▶

FPGA 类 AI 芯片的开发实践

本章全面介绍面向 FPGA 类 AI 芯片开发实践的相关内容，重点聚焦于 Vitis AI 开发工具及其应用。通过对 Vitis AI 平台概述、常用参数化 IP 核、开发工具包和应用示例的详细讲解，使读者可以深入了解并掌握 FPGA 类 AI 芯片开发的关键技术和实践方法。Vitis AI 平台作为一款综合的 AI 推断开发平台，为 AMD FPGA 和自适应 SoC 提供了丰富的 AI 模型、优化的 DPU 内核、工具、库和示例设计，可满足边缘和数据中心的 AI 需求。Vitis AI 的设计理念是高效、易用，能够帮助开发者快速部署和优化模型，实现人工智能算法在 FPGA 类平台上的快速落地。

7.1 开发工具 Vitis AI 概述

Vitis AI 平台是为 AMD 器件、板卡及 Alveo 数据中心加速卡提供的一款综合 AI 推断开发平台。Vitis AI 结构图如图 7-1 所示。

Vitis AI 平台向所有用户开放一系列来自流行框架 PyTorch、TensorFlow、Tensorflow 2 和 Caffe 的现成深度学习模型。AI 模型专区提供可重复训练的优化 AI 模型，可通过 AMD 平台实现更快的执行速度、提高性能和加速生产。同时，Vitis AI 还提供了一系列开发工具包，包括 Vitis AI 量化器、Vitis AI 优化器、Vitis AI 编译器、Vitis AI 分析器以及 Vitis AI 库等，通过这些工具可有效提高 AI 芯片的开发效率，让人工智能算法在 FPGA 类平台上的应用快速落地。其应用方向主要有以下几个。

- 为主流框架和最新模型提供支持，帮助其完成各种深度学习任务，如 CNN、RNN 和 NLP 等。
- 功能强大的量化器和优化工具可提高优化模型的精度和处理效率。
- 便捷的编译流程和高层次 API 可实现自定义模型的极速部署。

- 可配置的高效率 DPU 内核能够充分满足边缘及云端对吞吐量、时延和电源的不同需求。

图 7-1　Vitis AI 结构图

7.2 Vitis AI 的常用参数化 IP 核

▶▶ 7.2.1　DPUCZDX8G 概述

DPUCZDX8G 是专为 Zynq UltraScale+ MPSoC 设计的深度学习处理单元（DPU），是卷积神经网络最优化的可配置计算引擎。引擎中所使用的并行度是一项设计参数，可根据目标器件和应用来选择。DPU 属于高层次微码计算引擎，其中具有经过最优化的高效指令集，并可支持推断大部分卷积神经网络。DPUCZDX8G IP 针对 Zynq UltraScale+ MPSoC 进行了最优化，此 IP 可作为块集成到选定的 Zynq UltraScale+ MPSoC 的可编程逻辑（PL）中，并直接连接到处理器系统（PS）。DPU 可由用户配置且包含多个参数，用户可通过指定这些参数来对 PL 资源进行最优化，也可以自定义启用的功能。DPUCZDX8G 架构如图 7-2 所示。其中，APU 为应用处理单元，PE 为处理引擎，DPU 为深度学习处理单元。

DPUCZDX8G 的硬件架构如图 7-3 所示。DPUCZDX8G 会在启动时从片外存储器中提取指令，用于控制计算引擎的操作。这些指令是由 Vitis AI 编译器生成的，编译器会执行包括层级

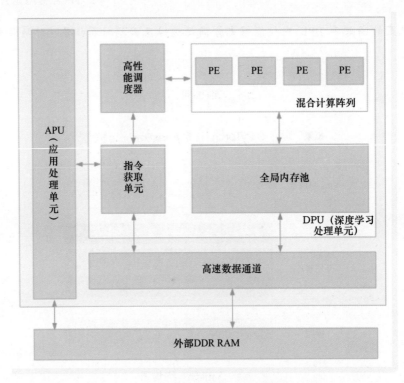

图 7-2　DPUCZDX8G 架构图

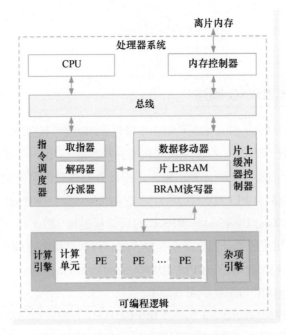

图 7-3　DPUCZDX8G 硬件架构图

融合在内的各项重大最优化操作。片上存储器用于缓冲器输入激活、中间特征映射和输出元数据，以达成高吞吐量和高效率的目标。这些数据会尽可能地加以复用，以降低外部存储器带宽要求。对于计算引擎，会使用深度流水打拍式设计。处理引擎（PE）会充分利用各种高精度构建块，例如，Xilinx 器件中的乘法器、加法器和累加器。

▶▶ 7.2.2 高性能通用 CNN 处理引擎 DPUCVDX8G

DPUCVDX8G 是一种高性能的通用 CNN 处理引擎，针对 Versal AI Core 系列进行了最优化。与传统的 FPGA、CPU 和 GPU 相比，Versal 器件可提供卓越的性能功耗比。DPUCVDX8G 由 AI 引擎和 PL 电路组成。此 IP 可由用户配置且包含多个参数，用户可通过指定这些参数来对 AI 引擎和 PL 资源进行最优化，也可以自定义功能。DPUCVDX8G 的顶层模块架构如图 7-4 所示。

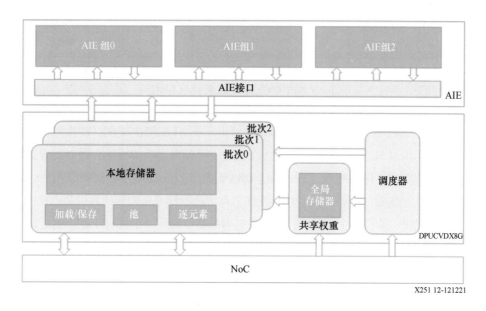

图 7-4　DPUCVDX8G 顶层模块架构

▶▶ 7.2.3 高吞吐量通用 CNN 处理引擎 DPUCVDX8H

DPUCVDX8H 是一种高性能、高吞吐量通用 CNN 处理引擎，针对 Versal AI Core 系列进行了最优化。除传统程序逻辑之外，Versal 器件还集成了高性能 AI 引擎阵列、高带宽 NoC、DDR/LPDDR 控制器和其他高速接口，与传统 FPGA、CPU 和 GPU 相比，可提供出色的性能功耗比。DPUCVDX8H 在 Versal 器件上实现，以便充分利用这些优势。可通过配置参数来满足数据中心应用要求。DPUCVDX8H 的顶层模块架构如图 7-5 所示。

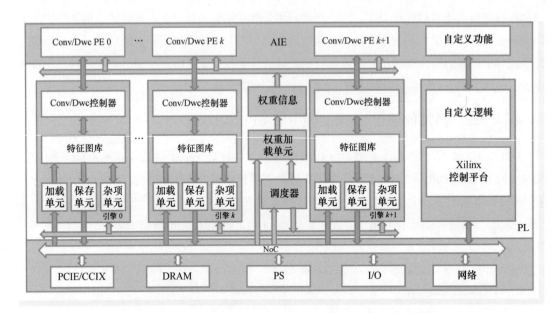

图 7-5　DPUCVDX8H 顶层模块架构

DPU 实例的数量取决于 FPGA 资源。Conv 计算单元在 AI 引擎上实现。转换控制单元、加载单元、保存单元和 MISC 单元（池和元素处理）是用可编程逻辑实现的。所有处理引擎共享权重加载单元和调度器，用可编程逻辑实现。DRAM 用作系统内存来存储网络指令、输入图像、输出结果和中间数据。启动后，DPU 从系统内存中获取指令来控制计算引擎的操作。片上存储器用于缓冲权重、偏置和中间数据，以实现高吞吐量。特征映射库对于每个批处理引擎来说都是私有的。所有处理引擎在同一 DPU 实例中共享权重缓冲区。尽量复用数据，减少内存带宽。处理引擎（PE）充分利用 AI 引擎的计算能力来获得高性能。

▶▶ 7.2.4　包含最优化的深度学习模型的 Vitis AI Model Zoo

Vitis AI Model Zoo 包含经过最优化的深度学习模型，可在 Xilinx 平台上加速部署深度学习推断。这些模型涵盖了不同的应用，包括 ADAS/AD、视频监控机器人和数据中心等。从这些经过预训练的模型着手，开始深度学习加速的应用，Vitis AI Model Zoo 的作用如图 7-6 所示。

Vitis AI Model Zoo 文件名采用以下格式：F_M_（D）_H_W_（P）_C_V，其中，

- F 指定训练框架，tf 是 TensorFlow 1.x，tf2 是 TensorFlow 2.x，pt 是 PyTorch。
- M 指定模型的行业/基本名称。
- D 指定用于训练模型的公共数据集，如果使用私有数据集训练模型，则此字段不存在。
- H 指定输入张量到第一个输入层的高度。

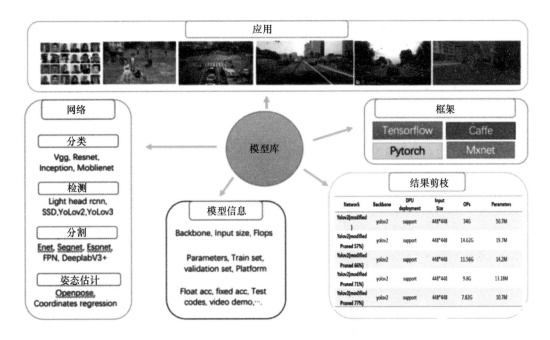

图 7-6　Vitis AI Model Zoo 的作用

- W 指定第一个输入层的输入张量的宽度。
- P 指定修剪比率（从基本模型降低计算复杂度的百分比），仅当模型已被修剪时，此字段才存在。
- C 指定模型在每张图像的 GOP（十亿量化操作）中部署的计算成本。
- V 指定部署模型的 Vitis AI 版本。

例如，pt_inceptionv3_imagenet_299_299_0.6_4.5G_3.0 表示使用 ImageNet 数据集，并使用 PyTorch 训练的初始 v3 模型，图像的输入大小为 299×299 像素，修剪了 60%，每张图像的计算成本为 4.5 G FLOP，该模型的 Vitis AI 版本为 3.0。

下面介绍具体的运行流程，Vitis AI Model Zoo 存储库提供了一个 Python 脚本，可以快速下载特定模型。在执行/model_zoo/downloader.py 脚本时，需要确保脚本和文件夹在目录层次结构中处于同一级别。

（1）首先执行脚本

```
python3 downloader.py
```

（2）输入框架关键字

框架关键字后跟模型名称的简化格式版本（如果已知），例如，resnet。使用空格作为分隔符，例如，**tf2 vgg16**。如果输入全部，将获得所有模型的列表。

下面列出了可用的框架关键字。

- tf：TensorFlow 1.x。
- tf2：TensorFlow 2.x。
- pt：PyTorch。
- cf：Caffe。
- dk：Darknet。
- all：列出所有模型。

（3）为所需型号的版本选择所需的目标硬件平台

1）例如，运行 downloader.py 后，将看到包含文本 resnet 的模型列表：tfresnet。

```
1:tf_resnetv1_50_imagenet_224_224_6.97G_3.02:
tf_resnetv1_101_imagenet_224_224_14.4G_3.03:
tf_resnetv1_152_imagenet_224_224_21.83G_3.0
......
```

2）继续输入列表中的一个数字。例如，输入"1"，脚本将列出与之匹配的所有选项。

```
0:all
1:tf_resnetv1_50_imagenet_224_224_6.97G_3.0      GPU
2:resnet_v1_50_tf    ZCU102 & ZCU104 & KV260
3:resnet_v1_50_tf    VCK190
4:resnet_v1_50_tf    vck50006pe-DPUCVDX8H
5:resnet_v1_50_tf    vck50008pe-DPUCVDX8H-DWC
6:resnet_v1_50_tf    u50lv-DPUCAHX8H
......
```

3）继续输入列表中的一个数字，指定的模型版本将自动下载到当前目录。输入"0"将下载符合搜索条件的所有型号。

模型目录结构：下载一个或多个模型后，可以将模型存档提取至所选工作区中。

TensorFlow 模型目录结构：TensorFlow 模型具有以下目录结构。

```
├── code                      # Contains test code that can execute the model on the
target and showcase model performance.
│
│
├── readme.md                 # Documents the environment requirements, data pre-
processing requirements, and model information.
│                             Developers should refer to this to understand how to
test the model with scripts.
│
```

```
├── data                        # The dataset target directory that can be used
for model verification and training.
│                               When test or training scripts run successfully,
the dataset will be placed in this directory.
│
├── quantized
│   └── quantize_eval_model.pb   # Quantized model for evaluation.
│
└── float
    └── frozen.pb                # The floating-point frozen model is used as the
input to the quantizer.
                                 The naming of theprotobuf file may differ from
the model naming used in the model list.
```

PyTorch 模型具有以下目录结构。

```
├── code                # Contains test and training code.
│
│
├── readme.md           # Contains the environment requirements, data preprocessing
requirements and model information.
│                       Developers should refer to this to understand how to test
and train the model with scripts.
│
├── data                # The dataset target directory that is used for model veri-
fication and training.
│                       When test or training scripts run successfully, the
dataset will be placed in this directory.
│
├──qat                  # Contains the QAT (Quantization Aware Training) results.
│                       For some models, the accuracy of QAT is higher than with
Post Training Quantization (PTQ) methods.
│                       Some models, but not all, provide QAT reference results,
and only these models have a QAT folder.
│
├── quantized
│   ├── _int.pth        # Quantized model.
│   ├── quant_info.json # Quantization steps of tensors got.Please keep it for
evaluation of quantized model.
│   ├── _int.py         # Convertedvai_q_pytorch format model.
│   └── _int.xmodel     # Deployed model.The name of different models may be
different.
│                       For some models that support QAT you could find better
quantization results in 'qat' folder.
```

```
        |
        |
        └── float
             └── _int.pth          # Trained float-point model.The pth name of dif-
ferent models may be different.

                                   Path and model name in test scripts could be mod-
ified according to actual situation.
```

7.3 Vitis AI 开发工具包

▶▶ 7.3.1 Vitis AI 量化器

Vitis AI 量化器提供了将一个自定义运算符检查、量化、校准、微调以及将浮点模型转换为需要更少内存带宽的定点模型的完整过程，不仅可提供更快的速度，而且还可提供更高的计算效率，如图 7-7 所示。

图 7-7　Vitis AI 量化器

Xilinx 通用型 CNN 聚焦 DPU，利用训练网络的 INT8（8 位整数）量化。在许多真实数据集中，网络中给定层的权重和激活分布通常比 32 位浮点数表示的范围窄得多。因此，只需应用比例因子，就可以将给定层的权重和激活分布准确地表示为整数值。INT8 定量对预测精度的影响通常较低，通常小于 1%。在许多应用中都是如此，其中输入数据由图像和视频、点云数据以及来自各种采样数据系统（包括特定音频和 RF 应用）的输入数据组成。

Vitis AI 量化器作为 TensorFlow 或 PyTorch 的组件集成，执行校准步骤，其中原始训练数据的子集（通常为 100~1000 个样本，无需标签）通过网络向前传播，以分析每一层激活的分布。然后将权重和激活量化为 8 位整数值。此过程称为训练后量化。量化后，使用验证集中的数据重新测试网络的预测准确性。如果准确度可接受，则量化过程完成。

对于某些网络拓扑，开发人员可能会遇到过多的精度损失。在这些情况下，一种称为 QAT（量化感知训练）的技术可以与源训练数据一起使用，执行多个反向传播传递，以优化（微调）量化权重。Vitis AI 量化器工作流程图如图 7-8 所示。

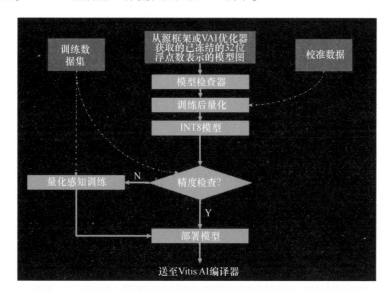

图 7-8　Vitis AI 量化器工作流程图

▶▶ 7.3.2　Vitis AI 优化器

Vitis AI 优化器利用稀疏性的概念来降低推理的整体计算复杂度。许多深度神经网络拓扑都采用大量冗余，尤其是当网络主干针对预测准确性进行优化且训练数据集支持许多类时。在许多情况下，可以通过从图形中"修剪"某些操作来减少这种冗余。修剪有两种形式：通道（内核）修剪和稀疏修剪。Vitis AI 提供了优异的模型压缩技术，AI 优化器可在对精度影响极小的情况下，将模型的复杂性降低 5~50 倍，深度压缩可将 AI 推断性能提升到一个新的层次。Vitis AI 优化器如图 7-9 所示。

Vitis AI 优化器利用训练模型的原生框架，修剪过程的输入和输出是一个冻结的 FP32 图。在高级别上，AI 优化器的工作流程由以下几个步骤组成。优化器首先执行灵敏度分析，旨在确定每一层的每个卷积内核（通道）对网络预测的影响程度。在此之后，要修剪的通道的内核权重归零，从而可以准确评估"建议的"修剪模型。然后针对多个训练周期优化（微调）剩余的权重以恢复准确性。通常采用修剪的多次迭代，每次迭代后，都可以捕获状态，从而允许开发人员通过一次或多次修剪迭代进行回溯。此功能使开发人员能够修剪多个迭代，然后选择具有首选结果的迭代。如有必要，可以使用不同的超参数从上一次迭代重新启动修剪，以解决特定迭代中可能出现的准确性"悬崖"。

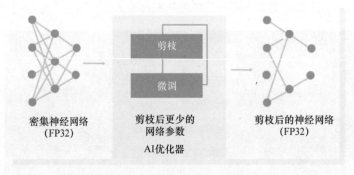

图 7-9　Vitis AI 优 化 器

修剪的最后阶段，即转换步骤，删除为修剪选择的通道（以前为零的权重），从而减少最终计算图中每个修剪层的通道数。例如，以前需要计算 128 个通道（128 个卷积内核）的层现在可能只需要计算 87 个通道的输出激活（即修剪了 41 个通道）。在转换步骤之后，模型采用可由 Vitis AI 量化器摄取并部署在目标上的形式。

Vitis AI 优化器修剪工作流程，如图 7-10 所示。

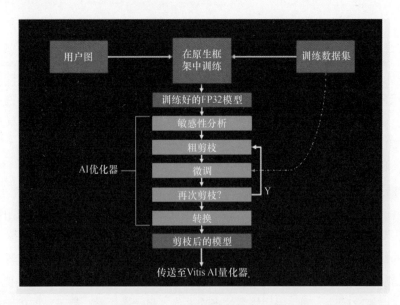

图 7-10　Vitis AI 优化器修剪工作流程

▶▶ 7.3.3　Vitis AI 编译器

AI 编译器可将 AI 模型映射至高效指令集及数据流程。此外，它还可执行层融合和指令排程等高级优化任务，并可尽量重复使用片上内存。Vitis AI 编译器如图 7-11 所示。

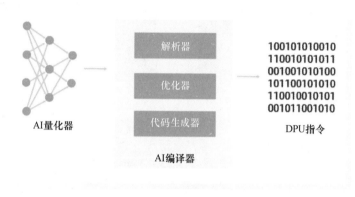

图 7-11　Vitis AI 编译器

模型量化后，使用 Vitis AI 编译器构建内部计算图作为中间表示（IR），此内部图形由独立的控件和数据流表示形式组成。然后，编译器执行多项优化，例如，当卷积运算符位于归一化运算符之前时，批量归一化操作与卷积融合。由于 DPU 支持多个维度的并行性，因此高效的指令调度是利用图中固有的并行性和数据重用潜力的关键。Vitis AI 编译器解决了此类优化问题。

Vitis AI 利用的中间表示是 XIR（Xilinx 中间表示）。基于 XIR 的编译器将量化的 TensorFlow 或 PyTorch 模型作为输入。首先，编译器将输入模型转换为 XIR 格式，不同框架之间的大多数差异在此阶段被消除。然后，编译器对图应用优化，并在必要时根据是否可以在 DPU 上执行子图运算符将其划分为多个子图。架构感知优化应用于每个子图。对于 DPU 子图，编译器生成指令流。最后，将优化的图形序列化为已编译的 .xmodel 文件。

编译过程利用额外的输入作为 DPU arch.json 文件。此文件将目标架构传达给编译器，因此，将为其编译图形的特定 DPU 的功能。如果未使用正确的文件，则编译的模型将不会在目标上运行。如果未针对正确的 DPU 架构编译模型，则会发生运行时错误。这意味着，如果要将针对特定目标 DPU 编译的模型部署在不同的 DPU 架构上，则必须重新编译这些模型，Vitis AI 编译器如图 7-12 所示。

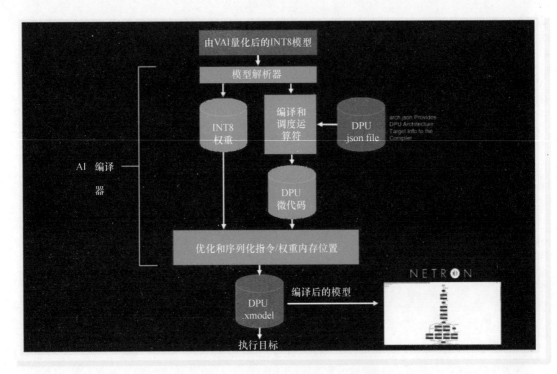

图 7-12　Vitis AI 编译器工作流程

▶▶ 7.3.4　Vitis AI Profiler（分析器）

Vitis AI Profiler 可用于对 AI 应用进行性能剖析和可视化，以在不同器件之间查找瓶颈并分配计算资源。它使用方便且无须更改任何代码，可追踪函数调用和运行时，也可收集硬件信息，包括 CPU、DPU 和存储器利用率。Vitis AI 分析器有助于开发人员深入分析 AI 推断实现方案的效率和利用率，如图 7-13 所示。

1. 分析器工作流程及使用方法

下面介绍 Vitis AI 分析器工作流程，并将说明如何从 Vitis AI 运行时（VART）分析示例。本示例将使用 Zynq MPSOC 演示平台 ZCU104，使用 Vitis AI 1.3、性能分析器 1.3.0、Vivado 2020.2 进行测试。

以下是 Vitis AI 分析器主要的步骤。

1）设置目标硬件和主机。

2）配置 Linux 操作系统以使用 PetaLinux 进行分析（如果需要）。

3）执行一个简单的跟踪 VART Resent50 示例。

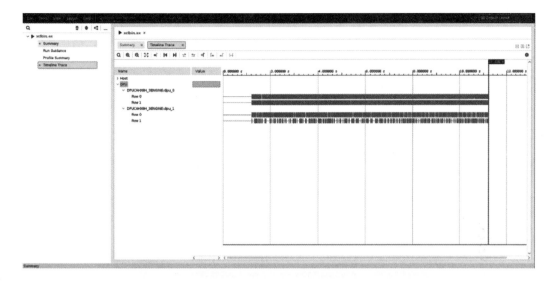

图 7-13　Vitis AI 分析器

4）使用 VART Resent50 示例执行细粒度跟踪。

5）将所有捕获的结果导入到分析器进行观察。

设置和要求如下。

- 要查看性能分析器结果，需要在 Vivado 2020.2 运行 Vitis_Analyzer。
- 下载适用于 Windows 操作系统的 Xilinx，统一安装程序并运行。
- 根据提供的 Xilinx.com 网址登录并安装 Vivado。
- 注意，性能分析器只需要 Vivado Lab Edition，这将极大减少所需的磁盘空间量。

接着需要执行以下步骤。

1）下载 ZCU104 的 SD 卡映像。

2）下载蚀刻机（https://etcher.io/）并安装在主机上。

3）使用蚀刻软件将图像文件刻录到 SD 卡。

4）将带有图像的 SD 卡插入 ZCU104。

5）将所有必需的外设连接到目标（如图 7-14 所示）。

6）插入电源并启动主板。

7）设置终端程序 TeraTerm（此处）并使用以下连接设置连接到每个终端端口，并设置串口格式如下。

- 波特率：115200 bit/s。
- 数据位：8。

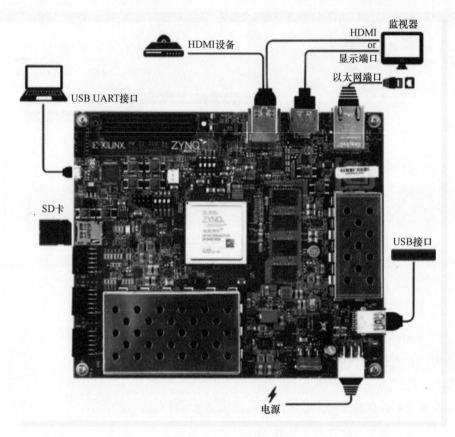

图 7-14　ZCU104 演示卡

- 停止位：1。

- 无奇偶校验。

在看到 ZCU104 引导信息后，意味着找到了正确的串行端口。

确保主机和目标硬件位于同一 LAN 网络上。ZCU104 已启用 DHCP，将由路由器分配一个 IP。

使用串行端口类型：使用 ifconfig 命令在 Linux 提示符下确定目标的 IP 地址。

获得目标的 IP 后，可以使用网络通信工具（如 MobaXterm）设置与目标的 SSL 连接（用户=根，密码=根）。这将提供稳定和高速的连接，以将文件传输到目标硬件和从目标硬件传输文件。

注意：Vitis AI 运行时包、VART 示例、Vitis-AI 库示例和模型已内置到电路板映像中。因此，无须在开发板上单独安装 Vitis AI 运行时软件包和模型软件包。但是，用户仍然可以在自己的映像上安装模型或 Vitis AI 运行时。

2. PetaLinux 配置

以下说明可用于为 Vitis AI 分析器启用正确的 PetaLinux 设置。本节仅供参考。

1）petaLinux-config -c kernel，为 Linux 内核启用以下设置：

- 与体系结构相关的常规选项→［*］Kprobes；
- 内核黑客攻击→［*］跟踪器；
- 内核黑客攻击→［*］跟踪器→；
- ［*］内核函数跟踪器；
- ［*］启用基于 kprobes 的动态事件；
- ［*］启用基于 uprobes 的动态事件。

2）petalinux-config -c rootfs，为根 fs 启用以下设置：

- 用户包→模块→［*］包组-petalinux-自托管；
- 重建 Linux。

3）petalinux-build，在目标硬件上，将目录更改为 VART 示例，如下所示：

root@ xilinx-zcu104-2020_2：~/Vitis-AI/demo/VART#

VART 示例附带了许多可以在目标硬件上运行的机器学习模型。图 7-15 提供了在目标上运行模型的各种模型名称和执行命令。在本示例中，运行模型 No. 1（resnet50）。

No.	Example Name	Command
1	resnet50	./resnet50 /usr/share/vitis_ai_library/models/resnet50/resnet50.xmodel
2	resnet50_mt_py	python3 resnet50.py 1 /usr/share/vitis_ai_library/models/resnet50/resnet50.xmodel
3	inception_v1_mt_py	python3 inception_v1.py 1 /usr/share/vitis_ai_library/models/inception_v1_tf/inception_v1_tf.xmodel
4	pose_detection	./pose_detection video/pose.webm /usr/share/vitis_ai_library/models/sp_net/sp_net.xmodel /usr/share/vitis_ai_library/models/ssd_pedestrian_pruned_0_97/ssd_pedestrian_pruned_0_97.xmodel
5	video_analysis	./video_analysis video/structure.webm /usr/share/vitis_ai_library/models/ssd_traffic_pruned_0_9/ssd_traffic_pruned_0_9.xmodel
6	adas_detection	./adas_detection video/adas.webm /usr/share/vitis_ai_library/models/yolov3_adas_pruned_0_9/yolov3_adas_pruned_0_9.xmodel
7	segmentation	./segmentation video/traffic.webm /usr/share/vitis_ai_library/models/fpn/fpn.xmodel
8	squeezenet_pytorch	./squeezenet_pytorch /usr/share/vitis_ai_library/models/squeezenet_pt/squeezenet_pt.xmodel

图 7-15　VART 示例模型

找到 resnet50 应用程序（main.cc）并在文本编辑器中打开它。此文件可以在 Vitis-AI/demo/VART/resnet50/src 中找到。main.cc 程序由以下关键功能组成，示例设计中的数据流如图 7-16 所示。从 SD 闪存卡读取图像，调整大小为 224×224 像素，进行分类，然后显示到显示器。

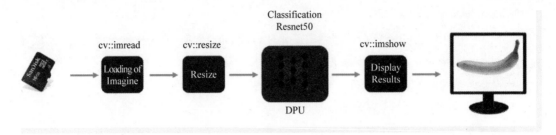

Classification
Resnet50

DPU

图 7-16　示例数据管道

应用程序将仅运行一个图像，显示图像，然后等待。为了允许快速地处理图像，本示例将禁用 cv::imshow 函数和延迟。搜索 cv::imshow 函数并将其注释掉，这将能够在短时间内处理许多图像，代码示例如图 7-17 所示。

```
/*    cv::imshow("Classification of ResNet50", imageList[i]);
      cv::waitKey(10000); */
```

图 7-17　代码示例

另外，记下此应用程序中由 CPU 处理的其他附加函数（TopK 和 CPUCalSoftmax）。这些函数可以由探查器跟踪，并添加到捕获的结果末尾。

4）保存并关闭文本编辑器。

5）输入命令./build.sh。

完成后，可在同一目录中看到已编译的应用程序。示例设计要求将要分类的图像加载到 SD 卡上。使用 Mobaterm，将选择的图像拖放到目录/home/root/Vitis-AI/demo/VART 下。resent50 神经网络需要 224×224 分辨率的图像。可以使用其他图像大小，因为数据管道具有图像缩放器。

如果要在主机上生成应用程序，则需要其他交叉编译工具。

3. Vitis AI 分析器选项

Vitis AI 分析器选项可以通过键入来显示。

分析器选项在 JSON 文件中捕获，并由探查器使用 -c 开关执行。

在图 7-18 的 JSON 文件中，运行模式设置为"正常"。在此模式下，分析器会将 resnet50 模型作为单个任务进行跟踪。这意味着，模型的所有层都被捕获为单个定时事件。这是将 DPU 性能与系统数据路径中的其他处理块进行比较的较好选择。

cmd 命令指向 resnet50 应用程序和模型，用于执行和分析，这可以更改以跟踪其他 VART / VitisLibs 示例。跟踪/trace_custom 命令突出显示分析器执行捕获的区域。请注意，trace_custom

正在分析在查看 main.cc 应用程序文件期间发现的 2 个 CPU 函数。

```
1  {
2      "options": {
3          "runmode": "normal",
4          "cmd": "/home/root/Vitis-AI/demo/VART/resnet50/resnet50 /usr/share/vitis_ai_library/models/resnet50/resnet50.xmodel",
5          "timeout": 20
6      },
7      "trace": {
8          "enable_trace_list": ["vart", "opencv", "custom"]
9      },
10     "trace_custom": ["TopK", "CPUCalcSoftmax"]
11 }
```

图 7-18　代码示例 1

（1）开始分析

在 Linux 提示符下，通过键入以下命令开始分析：

root@ xilinx-zcu104-2020_2：~/Vitis-AI/demo/VART/resnet50# vaitrace -c config.json

分析器输出的代码示例如图 7-19 所示。不同的输入图像将产生不同的分类结果。

```
INFO:root:VART will run xmodel in [NORMAL] mode
Analyzing symbol tables...
134 / 134
3 / 3
3 / 3
2 / 2
WARNING: Logging before InitGoogleLogging() is written to STDERR
I0228 23:34:13.963078  2938 main.cc:285] create running for subgraph: subgraph_conv1
Vaitrace tracepoint enabled log file: /tmp/tmppezr6coy/vaitrace_2938 timestamp type: 2

Image : ILSVRC2012_val_00000195.JPEG
top[0]  prob = 0.465226  name = king crab, Alaska crab, Alaskan king crab, Alaska king crab, Paralithodes camtschatica
top[1]  prob = 0.362319  name = Dungeness crab, Cancer magister
top[2]  prob = 0.171147  name = rock crab, Cancer irroratus
top[3]  prob = 0.000699  name = fiddler crab
top[4]  prob = 0.000424  name = hermit crab

Image : ILSVRC2012_val_00000363.JPEG
top[0]  prob = 0.999342  name = bittern
top[1]  prob = 0.000203  name = limpkin, Aramus pictus
top[2]  prob = 0.000123  name = dowitcher
top[3]  prob = 0.000075  name = bustard
top[4]  prob = 0.000075  name = quail
APM Stop Collecting
INFO:root:Generating VTF
[vart_trace.csv]: Events number: 4
root@xilinx-zcu104-2020_2:~/Vitis-AI/demo/VART/resnet50#
```

图 7-19　代码示例 2

（2）将输出文件移动到主机进行分析

分析运行完成后，可以注意到创建了 5 个文件，其中包含捕获的分析结果。使用 MobaXterm 将这些文件复制到主机，如图 7-20 所示。

（3）使用 Vivado TCL 控制台启动 Vitis 分析器

在主机上，使用 Vivado TCL 控制台启动 Vitis 分析器。忽略未知的 tcl 命令警告。之后，使用 Vivado TCL 控制台启动 Vitis 分析器，如图 7-21 所示。

捕获的结果可以通过图 7-22 中的步骤加载到 Vitis 分析器中。

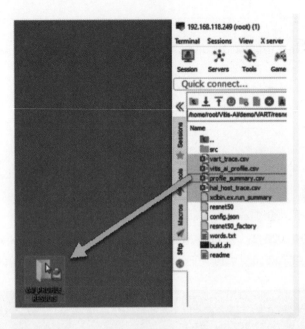

图 7-20　捕获结果的传输

图 7-21　启动 Vitis 分析器

　　Vitis 分析器在"摘要和运行指南"部分下提供了大量状态和版本信息，以便进行捕获管理。在 DPU 摘要下是显示分析器信息的位置，如图 7-23 所示。在此示例中，在处理 500 张图像后，可以看到完整的 resent50 模型平均执行时间约为 12.5ms。还显示了作为预/后数据处理块执行的 CPU 功能。在这种情况下，输入图像已经是正确的分辨率（224×224 像素），并且很少使用 cv∶∶resize 功能。

　　Vitis Analyzer GUI 还在端口级别提供 Zynq MPSOC 内存控制器的带宽利用率如图 7-24 所示。通过查看硬件设计，可以确定将哪些内存客户端分配给每个内存端口，进而了解它们的内存带宽消耗。在此示例中，有两个分配了内存端口的 DPU——Dpuczdx8G_1 和 Dpuczdx8G_2。

图 7-22　加载捕获结果步骤

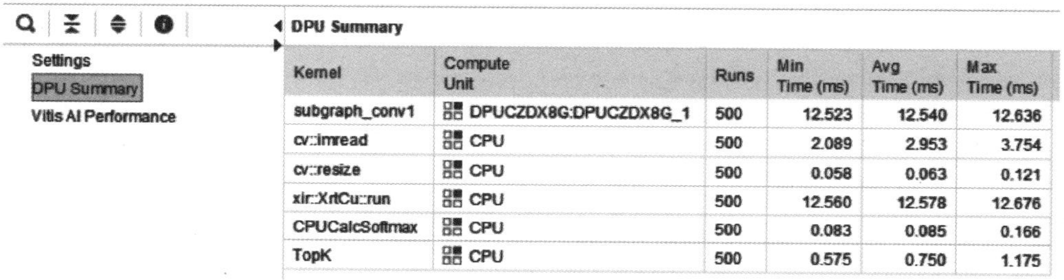

Kernel	Compute Unit	Runs	Min Time (ms)	Avg Time (ms)	Max Time (ms)
subgraph_conv1	DPUCZDX8G:DPUCZDX8G_1	500	12.523	12.540	12.636
cv::imread	CPU	500	2.089	2.953	3.754
cv::resize	CPU	500	0.058	0.063	0.121
xir::XrtCu::run	CPU	500	12.560	12.578	12.676
CPUCalcSoftmax	CPU	500	0.083	0.085	0.166
TopK	CPU	500	0.575	0.750	1.175

图 7-23　正常模式分析示例

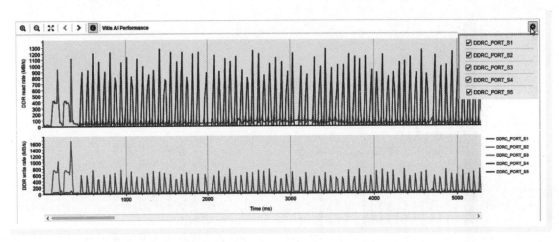

图 7-24　Zynq MPSOC 内存控制器的带宽利用率

Vitis 分析器可以使用 GUI 右上角的齿轮图标启用/禁用每个 DDR 端口层。使用此功能可以确认系统级执行期间使用的每个内存客户机。

细粒度剖析示例如下：

要启用细粒度分析，需更新 JSON 文件并将运行模式切换为"调试"。在此版本的分析工具中，此开关设置存在已知问题，需要手动编辑。

在目标上的/usr/bin/xlnx/vaitrace/vaitraceDefaults.py 打开文件"vaitraceDefaults.py"。

编辑第 122 行并将默认运行模式从"正常"切换到"调试"，以手动切换模式。保存此更改并关闭文件。此手动编辑配置，将强制分析工具进行细粒度分析，同时忽略 JSON 文件中记录的设置。此问题将在 Vitis AI 1.4 工具中得到解决。

使用的相同命令在模型上重新运行性能分析器。

```
root@ xilinx-zcu104-2020_2:~/Vitis-AI/demo/VART/resnet50# vaitrace -c config.json
```

在此模式下，分析工具将分析 resnet50 模型的每一层。为了获得完整的系统配置文件，本示例仍将在应用程序功能（Topk 和 CPUCalcSoftmax）上启用自定义跟踪。

（4）DPU 与 CPU 功能逐层汇总

在捕获的结果注释中，resnet50 模型共有 61 层，如图 7-25 所示。细粒度分析将允许在系统级执行期间分析每一层的性能。

（5）探查器观察

在本示例中，完成了 VART resnet50 模型的两个配置文件捕获。每个捕获在查看时提供的信息略有不同。在正常模式下，将模型作为一个元素进行处理，平均时间为 12.578ms。在调试模式下，模型的平均运行时间为 0.334ms。

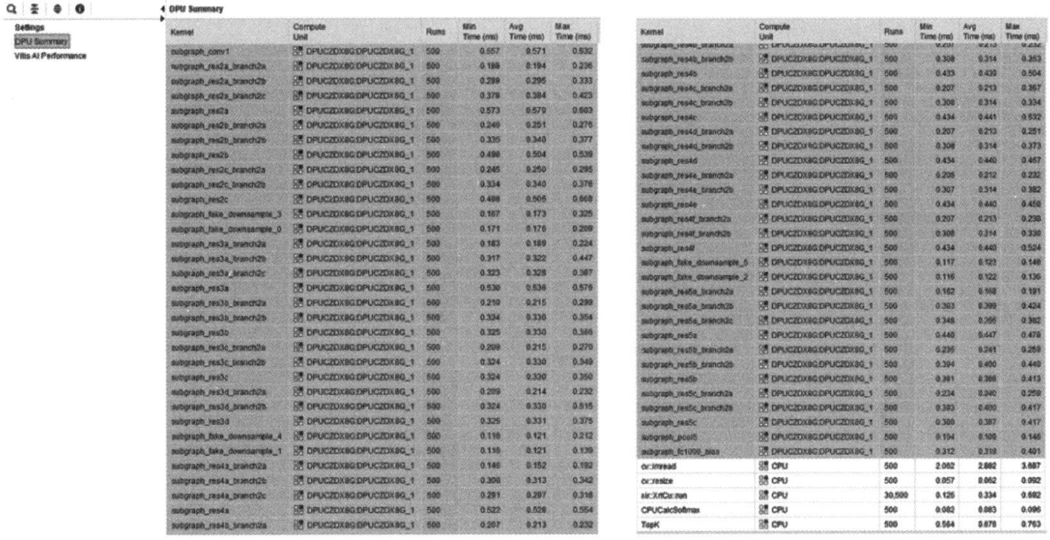

图 7-25　resnet 50 模型共 61 层

注意：在调试模式下，此时间表示模型每一层的时间。因此，需要将其乘以层数，从而创建 20.374ms 的总平均时间。这说明了细粒度探查器为模型执行增加的额外开销。Resnet 50 xmodel 包含 61 个子图，其中：

- 正常模式：编译器将 61 个子图合并为 1 个大子图，以减少开销（调度和内存）总平均时间 = 12.578ms。
- 调试模式：一个完整的推理包含 61 个子图，并调用 xrtCu∷run 61 次，每次调用 = 0.334ms × 61 次调用，总平均时间 = 20.374ms。

4. Vitis AI 工具优化

当模型由 Vitis AI 工具处理时，它会应用各种优化并将图形分解为子图，以便在 DPU 上执行。这些优化可以包括层/算子融合，以提高执行性能和 DDR 内存访问。探查器优化示例如图 7-26 所示。在本示例中，层 "res5c_branch2c" 与层 "res5c" 连接，性能分析器不会报告它。

查看 Xmodel：Vitis AI 工具生成一个 Xmodel，Netron 可以在编译过程中的不同阶段查看该模型。

数据大小调整示例：使用 VART resnet50 模型捕获的两个细粒度轮廓仪的示例如图 7-27 所示。在第一种情况下，本示例使用分辨率为 224×224 像素的图像数据。在第二种情况下，本示例将图像大小增加到 1920×1080 像素分辨率（HD）。当使用较小的图像时，没有使用调整大小功能（cv∷resize），因为图像已经是 resnet50 模型的正确大小。当高清图像被分类时，cv∷resize 函数利用更多的 CPU 时间来调整图像大小。

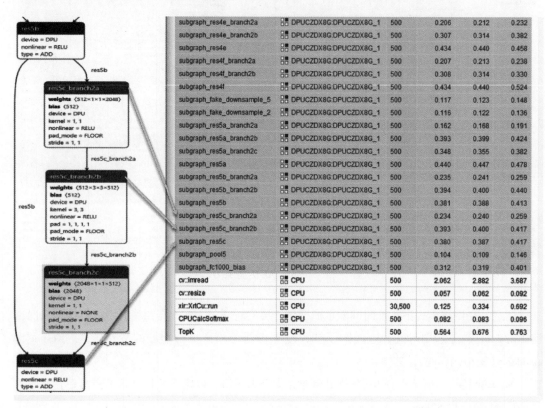

subgraph_res4e_branch2a	DPUCZDX8G:DPUCZDX8G_1	500	0.206	0.212	0.232
subgraph_res4e_branch2b	DPUCZDX8G:DPUCZDX8G_1	500	0.307	0.314	0.382
subgraph_res4e	DPUCZDX8G:DPUCZDX8G_1	500	0.434	0.440	0.458
subgraph_res4f_branch2a	DPUCZDX8G:DPUCZDX8G_1	500	0.207	0.213	0.238
subgraph_res4f_branch2b	DPUCZDX8G:DPUCZDX8G_1	500	0.308	0.314	0.330
subgraph_res4f	DPUCZDX8G:DPUCZDX8G_1	500	0.434	0.440	0.524
subgraph_fake_downsample_5	DPUCZDX8G:DPUCZDX8G_1	500	0.117	0.123	0.148
subgraph_fake_downsample_2	DPUCZDX8G:DPUCZDX8G_1	500	0.116	0.122	0.136
subgraph_res5a_branch2a	DPUCZDX8G:DPUCZDX8G_1	500	0.162	0.168	0.191
subgraph_res5a_branch2b	DPUCZDX8G:DPUCZDX8G_1	500	0.393	0.399	0.424
subgraph_res5a_branch2c	DPUCZDX8G:DPUCZDX8G_1	500	0.348	0.355	0.382
subgraph_res5a	DPUCZDX8G:DPUCZDX8G_1	500	0.440	0.447	0.478
subgraph_res5b_branch2a	DPUCZDX8G:DPUCZDX8G_1	500	0.235	0.241	0.259
subgraph_res5b_branch2b	DPUCZDX8G:DPUCZDX8G_1	500	0.394	0.400	0.440
subgraph_res5b	DPUCZDX8G:DPUCZDX8G_1	500	0.381	0.388	0.413
subgraph_res5c_branch2a	DPUCZDX8G:DPUCZDX8G_1	500	0.234	0.240	0.259
subgraph_res5c_branch2b	DPUCZDX8G:DPUCZDX8G_1	500	0.393	0.400	0.417
subgraph_res5c	DPUCZDX8G:DPUCZDX8G_1	500	0.380	0.387	0.417
subgraph_pool5	DPUCZDX8G:DPUCZDX8G_1	500	0.104	0.109	0.146
subgraph_fc1000_bias	DPUCZDX8G:DPUCZDX8G_1	500	0.312	0.319	0.401
cv∷imread	CPU	500	2.062	2.882	3.687
cv∷resize	CPU	500	0.057	0.062	0.092
xir∷XrtCu∷run	CPU	30,500	0.125	0.334	0.692
CPUCalcSoftmax	CPU	500	0.082	0.083	0.096
TopK	CPU	500	0.564	0.676	0.763

图 7-26　探查器优化示例

VART_224_debug

Kernel	Compute Unit	Runs	Min Time (ms)	Avg Time (ms)	Max Time (ms)
subgraph_fc1000_bias	DPUCZDX8G:DPUCZDX8G_1	500	0.312	0.319	0.401
cv∷imread	CPU	500	2.062	2.882	3.687
cv∷resize	CPU	500	0.057	0.062	0.092
xir∷XrtCu∷run	CPU	30,500	0.125	0.334	0.692
CPUCalcSoftmax	CPU	500	0.082	0.083	0.096
TopK	CPU	500	0.564	0.676	0.763

VART_1080_debug

Kernel	Compute Unit	Runs	Min Time (ms)	Avg Time (ms)	Max Time (ms)
subgraph_fc1000_bias	DPUCZDX8G:DPUCZDX8G_1	496	0.313	0.320	0.404
cv∷imread	CPU	496	33.174	39.423	74.502
cv∷resize	CPU	496	0.766	0.852	27.972
xir∷XrtCu∷run	CPU	30,258	0.125	0.336	3.696
CPUCalcSoftmax	CPU	495	0.082	0.084	0.110
TopK	CPU	496	0.565	0.651	0.735

图 7-27　图像尺寸比较

如果 cv∷resize 函数被视为性能瓶颈，则可以将其从 CPU 中卸载并使用 VitisLibs（LINK）在 PL 逻辑中实现。

结论：Vitis AI 分析器可在系统中提供 AI 模型的系统级视图，显示 FPGA 中不同计算单元运行状态的统一时间线如下。

- DPU 任务运行状态和利用率。
- CPU 繁忙/空闲状态。
- 每个阶段的时间消耗，有关执行时硬件的信息。
- 内存带宽。
- AI 推理的实时吞吐量（FPS），硬件信息。
- CPU 型号/频率。
- DPU 内核延迟。

统计信息如下。

- 系统中每个处理块的每个阶段消耗的时间。

▶▶ 7.3.5　Vitis AI 库

Vitis AI 库是一组高层次库和 API，旨在通过 DPU 核进行有效的 AI 推断。它建立在支持统一 API 的 Vitis AI 运行时（VART）基础之上，可为 AMD 平台上的 AI 模型部署提供简单易用的接口。Vitis AI 库如图 7-28 所示。

图 7-28　Vitis AI 库

7.4　Vitis AI 应用开发示例：应用 Zynq 监测道路裂缝

本节介绍 Vitis AI 应用开发流程，并说明如何借助 Vitis AI 应用 Zynq 平台监测道路裂缝。本示例将使用 Zynq MPSOC 演示平台 ZCU104。

使用 Zynq 搭建的卷积神经网络系统可模块化地分为前端、后端、终端三个部分。在整个系统中，终端作为整个系统的硬件依赖。其中本示例用到的 Zynq 有两个 CPU 模块，分别为应用处理单元（APU）和实时处理单元（RPU）。APU 为四核 ARM Cortex-A53 处理器，适用于 Linux 和裸机应用处理；RPU 为双核 ARM Cortex-R5 处理器，适用于低时延确定性应用，主要分担 APU 任务压力。Vitis-AI API、XRT 在边缘计算设备的系统框架中扮演后端的角色，主要作用是接收前端 CNN 或 RNN 应用产生的参数，并将其编译优化，DPU 为终端提供驱动和 API。

破损检测系统的搭建主要分为三个步骤：硬件系统搭建、网络模型移植和 Zynq 硬件平台部署。整体开发流程如图 7-29 所示。

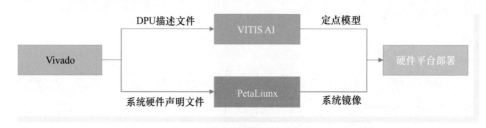

图 7-29　整体开发流程

根据裂缝检测系统的要求，对硬件平台进行搭建，使用的软件为 Vivado 2021.1。Vivado 是 Xilinx 公司于 2012 年推出的集成开发环境，用于 HDL 设计的合成和分析。相较于前代用 Xilinx ISE 开发工具，Vivado 设计套件从整体上将集成度和实现速度提升至原来的 4 倍，显著提高开发效率。Vivado 设计套件提供了一个高度集成的设计环境和一个芯片级工具，它们建立在一个共享的、可扩展的数据模型体系结构以及一个共同的调试环境中。Vivado 设计工具套件可以将多种可编程技术结合起来，并且可以将其应用于超过一亿个 ASIC 等效门的设计中。

DPU 是系统实现硬件卷积加速的核心模块，部署 DPU 前需要设计出硬件电路的基本模块，主要包括主控模块、AXI 控制模块、时钟模块和中断模块。主控模块作为系统的核心部分，实现与可编程逻辑（PL）之间的逻辑连接，同时处理各个 IP 核和系统外设的集成。AXI 控制模块可以控制总线的传输过程并对总线传输进行仲裁、通信、时序转换等操作，能将一个或多个 AXI 内存映射的控制设备连接到一个或多个内存映射的从设备中。时钟模块的主要功能是产生时钟信号。中断模块主要功能是将多个外部中断的输入集中到一个单一中断输出，再将中断传输给系统处理器。

主控模块采用 Zynq UltraScale+ MPSoC IP 实现，DPU 可以通过 AXI 与 Zynq 主控进行连接，前提是 DPU 可以正确地访问 DDR。通常，当数据通过 AXI 传输时，数据延迟会增大。延迟会降低 DPU 的性能，因此，DPU 上的每个主接口都通过直接连接而不是通过 AXI 连接到 PS 上。

如果 PS 端的 AXI 从机端口不足时，则需要通过 AXI 进行连接。AXI 的高带宽端口用于两个数据端口连接，而用于指令取用的端口是低带宽端口。一般情况下，所有取指令的主端口都与 PS 的 S_AXI_LPD 相连。其余用于数据获取的端口应尽可能与 PS 直连。Zynq UltraScale+ MPSoC 设计如图 7-30 所示。

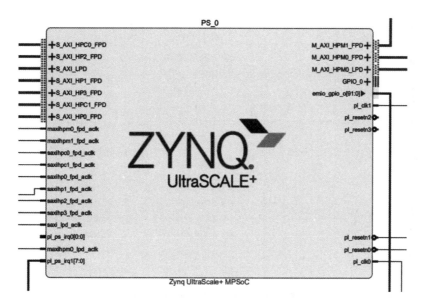

图 7-30　Zynq UltraScale+ MPSoC 设计

DPU 需要三个时钟：寄存器时钟，数据控制器时钟和计算单元时钟，时钟频率直接关系到 DPU 运算的速度。可将寄存器时钟配置成与 M-AXI 时钟相同或者独立的时钟。数据控制器时钟的主要作用是对 DPU 中的数据流进行调度，数据在 DPU 和外部存储器的转换发生在数据控制时钟域。计算单元时钟的工作频率需是数据控制器时钟的两倍，且两个时钟必须对齐。本系统为 DPU 产生了 100M、200M、400M 三个频率的时钟。每个时钟还需要单独匹配复位模块，作用是能够用少量的硬件来完成时钟频率的复位，并且不会造成任何的信号之间的相互影响。每次复位都要与相应的时钟同步，如果时钟和复位不同步，可能导致 DPU 无法正常工作。时钟模块与复位模块设计如图 7-31 所示。

AXI（Advanced eXtensible Interface）是一种总线协议，是 ARM 公司提出的 AMBA（Advanced Microcontroller Bus Architecture）协议的核心协议，是面向高性能、高带宽和低延迟的芯片内总线。其地址/控制及数据相位独立设计，支持数据的非对齐传输，在数据的突发传输中仅要求首位址，数据通道可分开读取及写入，且支持显著传输访问与乱序访问，并且易于并行时序的收敛。本系统的 AXI 总线使用 Xilinx 提供的 AXI Interconnect IP 实现。AXI Interconnect IP

由多个基础架构 IP 组成，这些基础架构 IP 会根据系统所需的设计进行配置和连接。AXI Inter-connect IP 允许任何拥有 AXI 的主从设备与其相连，这些设备可以在数据宽度和时钟域存在差异。在本系统中，部署了多个 AXI 控制模块，其中一个用于主控模块向 DPU 模块发送调度指令，AXI 总线模块设计如图 7-32 所示。

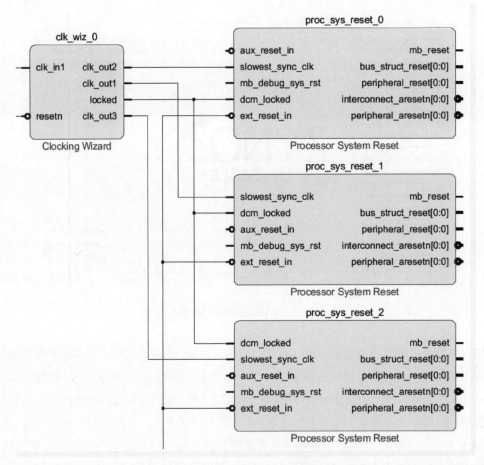

图 7-31　时钟模块与复位模块设计

（1）DPU 模块设计

DPU 使用 Zynq 芯片上的可编程资源实现对卷积神经网络的加速，常用操作包括卷积、深度卷积、反卷积、全连接、ReLU 激活函数、Softmax、最大池化、平均池化、批量归一化等。DPU 包含寄存器配置模块、数据控制器模块和卷积计算模块，Xilinx 根据各个计算设备的不同特性开发出一系列 DPU，覆盖范围从边缘计算设备到云计算平台，从而在吞吐量、时延、可扩展性以及功耗方面实现独特性和灵活性。DPU 使用专门的指令集，可以有效地实现许多卷积神经网络，包括 VGG、ResNet 等分类网络以及 SSD、YOLO 等目标识别网络。

本系统使用的 DPU 型号为 DPUCZDX8G，专门为 Zynq 器件所开发，可以帮助系统实现高性能低功耗的卷积神经网络。DPUCZDX8G 可作为集成模块集成到选定的 Zynq 的 PL 端（可编程逻辑）中，并与 PS 端（处理器系统）通过 AXI 总线连接。DPU 核心是由四个处理引擎（PE）组成的混合计算阵列，是实现卷积加速等一系列操作的关键部件。处理引擎以深度流水线方式的设计，充分利用了 Xilinx Zynq 器件中的乘法器、加法器和累加器等硬件逻辑，实现硬件资源的最大化利用，避免资源浪费。在工作时，DPU 根据预设程序从 RAM 中取出一系列操作指令，控制处理引擎的计算。为了配合 CPU、RAM 等外设，DPU 配备了高性能调度器、指令提取单元和全局存储器池来实现整个 DPU 的调度和运行。

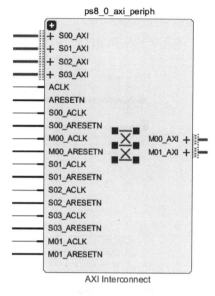

图 7-32　AXI 总线模块设计

在调用 DPU 搭建系统时，需要对其进行设置，可设置项包括 DPU 的核心数量、卷积架构、DSP 和 UltraRAM 使用。值得注意的是卷积架构的选择需要根据可编程硬件资源数量进行选择，不同的架构需要可编程逻辑资源数量不相同，更大的架构能够实现更强的性能。DPU 的架构如表 7-1 所示。硬件加速主要依靠并行计算实现，DPU 卷积架构中的并行度有三个方面，分别是像素并行度、输入通道并行度和输出通道并行度。其中输入通道并行度和输出通道并行度在各个 DPU 架构中数值相等。

表 7-1　DPU 的架构

DPU 架构	像素并行度	输入通道并行度	输出通道并行度	操作/时钟周期
B512	4	8	8	512
B800	4	10	10	800
B1024	8	8	8	1024
B1152	4	12	12	1152
B1600	8	10	10	1600
B2304	8	12	12	2304
B3136	8	14	14	3136
B4096	8	16	16	4096

DPU 的详细配置项如图 7-33 所示。根据 Zynq 硬件资源分配情况，本系统的 DPU 核心数为
1 个，卷积架构采用 B1152 架构。

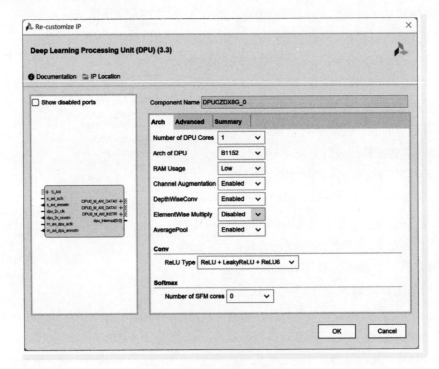

图 7-33　DPU 详细配置

为了实现更好的并行度，DPU 选择启用通道增强。通道增强用于改善 DPU 的工作效率，
当输入通道数远低于可用通道数时通道并行。通道增强发挥作用的前提是，输入通道的数量必
须大于通道并行度。例如，网络模型第一层常为输入图像的 RGB 三通道，没有充分使用 DPU
的通道并行度，通道增强并不能起作用，但网络其他层，输入通道数量往往为几十或几百。通
道增强将会大幅提高计算效率，但会花费额外的逻辑资源。本系统采用的 B1152 DPU 架构会
额外增加 1744 个 LUT 资源。

RAM 的作用是存储网络权重和中间特征缓冲。RAM Usage 选项决定了在不同情况下使用
的片上 RAM 数量。高 RAM 使用率意味着片上块 RAM 占用会更多，DPU 可以更灵活地处理中
间数据。高 RAM 使用率也能使 DPU 发挥更高的性能。在 B1152 DPU 架构中，低 RAM 使用率
的占用资源为 123 个，高 RAM 使用率的占用资源为 145 个。在权衡系统资源分配后，系统采
用低 RAM 占用，节约出的块 RAM 资源，可以让其他模块也能展现出更好的性能表现。

在搭建完 DPU 后，需要对系统所使用到的 GPIO、USB 和 DisplayPort 等硬件接口进行配
置，这些接口用于裂缝图像的采集和检测结果的输出。

硬件设计完成后执行工程综合生成声明系统结构的 XSA 文件和声明 DPU 结构的 json 文件。XSA 文件包含了所设计的硬件结构和参数，json 文件包含了设计中 DPU 的架构信息，两个文件在后续流程中将会使用到。

（2）目标检测网络模型移植

网络模型移植主要使用 Vitis AI 开发套件中的 AI 量化器和 AI 编译器组件。整个移植过程需要在 Linux 环境下进行，本系统使用的 Linux 系统版本为 Ubuntu 18.04.2 系统。模型的移植需要安装 Xilinx 提供的 Docker 镜像中的 Anaconda 环境进行量化与编译。模型移植流程如图 7-34 所示。

Vitis AI 开发套件的工作需要 Docker 容器的支持。Docker 是 dotCloud 公司开源的基于 LXC 的容器引擎技术，采用 GO 语言开发。Docker 是一种 Linux 容器封装，提供简单易用的容器使用接口，是目前最受欢迎的 Linux 容器解决方案。Docker 允许开发人员将其应用程序和相关软件封装到一个轻量级、可移植的容器中，然后发布到任意的 Linux 机器上。

虚拟机与 Docker 的结构示意如图 7-35 所示。与传统的虚拟机相比，Docker 守护进程（Docker Daemon）代替了虚拟机管理系统（Hypervisor）和从操作系统（Guest OS）。其作为在操作系统上运行的后台进程，负责对 Docker 容器进行管理。Docker 守护进程可以与主操作系统直接通信，将资源分配给各个 Docker 容器。同时，它还能将容器与主操作系统分离开来，并将各个容器互相隔离。虚拟机的启动时间需要几分钟，而 Docker 容器的启动仅需几毫秒。由于 Docker 不需要庞大的从操作系统，因此可以节约大量的硬盘空间和其他系统资源。

由于 Docker 具有快速迭代、快速部署等特性，近年来深受各大公司、程序员以及科研工作人员的青睐。

安装并启动 Docker 的步骤如下。

1）首先，在 Ubuntu 18.04.2 系统中安装 Docker。因为 APT 官方库中的 Docker 版本可能为旧版，因此需卸载先前版本，如图 7-36 所示。

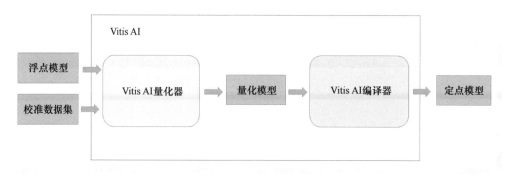

图 7-34　Vitis AI 模型移植流程

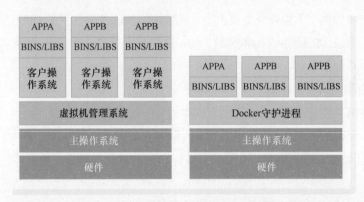

图 7-35　虚拟机与 Docker 的结构示意图

```
hoo@ubuntu:~$ sudo apt-get remove docker docker-engine docker-ce docker.io
```

图 7-36　卸载旧版 Docker

2）卸载完成后安装 Docker 依赖包，如图 7-37 所示。

```
hoo@ubuntu:~$ sudo apt-get install ca-certificates curl gnupg lsb-release
```

图 7-37　安装依赖包

3）依赖包安装完成后需要添加 Docker 仓库的 GPC 密钥到系统中。添加密钥的操作指令如图 7-38 所示。

```
hoo@ubuntu:~$ curl -fsSL https://download.docker.com/linux/ubuntu/gpg | sudo apt-key add -
```

图 7-38　添加 Docker GPC 密钥

4）添加密钥完成后，将 Docker 的源添加到系统中，如图 7-39 所示。

```
hoo@ubuntu:~$ sudo add- apt- repository " deb [arch=amd64] https://download.docker.com
/linux/ubuntu bionic stable
```

图 7-39　添加 Docker 源

5）安装最新版本的 Docker CE 以及相关工具，如图 7-40 所示。

```
hoo@ubuntu:~$ sudo apt-get update && sudo apt install docker-ce docker-ce-cli containerd.io
```

图 7-40　安装 Docker CE

6）为了验证是否安装成功，运行 Docker 默认例程 hello world，出现如图 7-41 所示的输出信息，说明 Docker 安装成功。

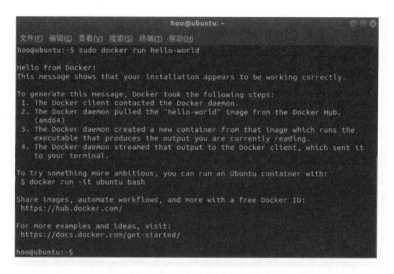

图 7-41　安装 Docker 成功

7）接下来安装 XilinxVitis-AI Docker 环境。Vitis-AI Docker 是 Vitis-AI 开发的一个关键环节，它作为集成开发环境提供了 DPU Kernel 编译所需的全部工具。执行图 7-42 所示的命令可从 Dcokerhub 镜像库中下载 Vitis-AI 镜像，整个镜像包大小约为 15GB，下载速度取决于当前网络环境。

```
hoo@ubuntu:~/Docker$ docker pull xilinx/vitis-ai-cpu:latest
```

图 7-42　下载 Vitis-AI 镜像

8）下载完成后，执行如图 7-43 所示的命令启动。启动成功后，屏幕上会打印出如图 7-44 所示的信息，表示 Vitis-AI Docker 成功启动，可进行下一步操作。

```
hoo@ubuntu:~/Vitis-AI-master$ ./docker_run.sh xilinx/vitis-ai
```

图 7-43　启动 Vitis-AI Docker

在传统的卷积网络模型中，通常使用 32 位浮点数作为参数保存格式，在运算过程中会产生大量的浮点数。一般情况下，一个神经网络的参数数量会有上亿个。网络在进行推理的时候，由于要将上亿的参数进行乘积和累加操作，这就对计算平台的内存提出了苛刻的要求。因此，在具有相对丰富的带宽和存储空间的 GPU 计算平台上，可以直接加载浮点参数进行前向传播。但是，在嵌入式、边缘设备等硬件资源不充裕的平台上进行网络推理时，32 位浮点数的大量加载会引起片上资源的拥塞，运算速度大幅降低，从而极大地影响了平台的使用效率。

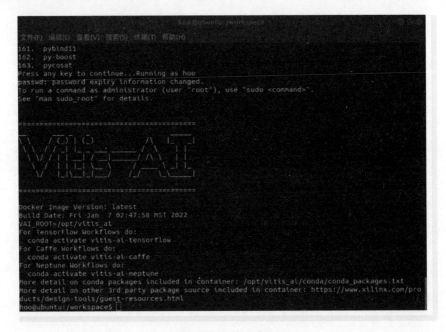

图 7-44　Vitis-AI Docker

本系统的网络模型的量化任务由 Vitis AI 工具中的 AI 量化器实现，如图 7-45 所示。Vitis AI 量化器的作用是将 32 位浮点参数和激活参数转换为 8 位定点数。Vitis AI 量化器能够有效地减少运算的复杂性，同时也不会影响预测的准确性。与浮点网络相比，定点网络模型具有更小的内存带宽占用，因而具有更高的运算速度和更低的功耗。AI 量化器支持量化卷积神经网络中存在的公用层，包括但不限于卷积层、池化层、全连接层和批量归一化。

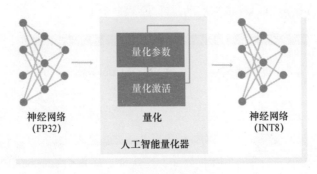

图 7-45　Vitis AI 量化器

Vitis AI 量化器当前支持 TensorFlow、PyTorch 和 Caffe。量化器名称分别为 vai_q_tensorflow、vai_q_pytorch 和 vai_q_caffe。本系统使用 vai_q_tensorflow 量化器，部分支持的运算类型如表 7-2 所示。

表 7-2　支持的运算类型

运 算 类 型	模　　　块		
	tf.nn	tf.layers	tf.keras.layers
卷积	atrous_conv2d conv2d conv2d_transpose depthwise_conv2d_native separable_conv2d	Conv2D Conv2DTranspose SeparableConv2D	Conv2D Conv2DTranspose DepthwiseConv2D SeparaleConv2D
全连接	/	Dense	Dense
偏置添加	bias_add	/	/
池化	avg_pool max_pool	AveragePooling2D MaxPooling2D	AveragePooling2D MaxPool2D
激活函数	relu relu6 leaky_relu	/	ReLU LeakyReLU
批量归一化	batch_normalization batch_norm_with_glob al_normalization fused_batch_norm	BatchNormalization	BatchNormalization

vai_q_tensorflow 命令需要在 Vitis-AI Docker 环境下执行，输入 conda activate vitis-ai-tensorflow 命令激活 Anaconda 的 TensorFlow 环境，量化工作流程如图 7-46 所示。

vai_q_tensorflow 的量化指令如图 7-47 所示，其中需要的输入文件有网络模型描述文件.pb、校准数据集、input_fn.py。

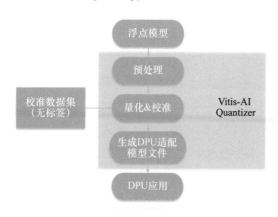

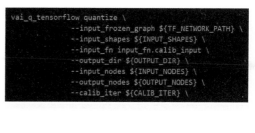

图 7-46　量化工作流程　　　　　　　图 7-47　vai_q_tensorflow 量化指令

AI 量化器采用的浮点模型描述文件类型为 pb 格式，但本系统使用的神经网络在通过 Tensorflow 训练完成后输出的模型描述文件为 H5 格式，需要通过 Python 函数转化。程序部分代码如图 7-48 所示。

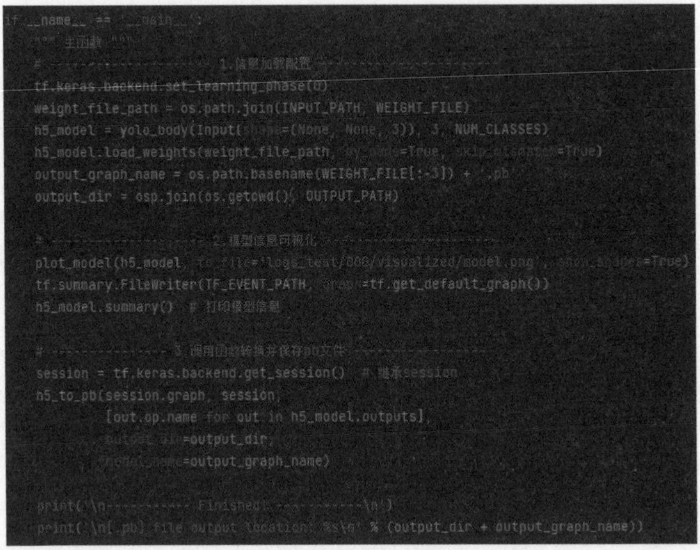

图 7-48　H5 格式转换部分代码

在定点化过程中需要输入无标签的校准数据集。一般而言，量化器可以正确地处理 100～1000 张校准图像。由于无须反向传输，因此只需无标签数据集。本示例准备了 913 张公路图像作为校准。校准数据集的作用是通过与 32 位浮点模型组成验证数据集，以参数形式输入到 AI 量化器中，在量化时对模型进行前向计算，通过交叉检测损失来估算最优的量化模型参数。校准数据集如图 7-49 所示。

input_fn 函数用于在量化校准期间将校准数据集转换为 frozen_graph 的输入数据，用于执行数据预处理和数据增广，函数部分代码如图 7-50 所示。

成功执行 vai_q_tensorflow 命令后，会在 ${output_dir} 中生成两个文件：quantize_eval_model.pb 用于在 CPU/GPU 上执行求值，并可用于在硬件上对结果进行仿真；deploy_model.pb 用于编译 DPU 代码，并在 DPU 上执行部署，用作 Vitis AI 编译器的输入文件。

模型进行量化之后，DPU 不能直接使用生成的模型描述文件，还需使用 Vitis AI 编译器将卷积网络模型映射成高度优化的 DPU 指令序列。模型经过最优化和量化的输入模型的拓扑结构进行解析后，Vitis AI 编译器会构建内部计算图作为中间表示形式 IR（Intermediate Representation）。然后，建立相应的控制流和数据流。在此基础上，Vitis AI 编译器会执行多次以达到指令最优化，同时利用固有并行度和数据复用来保障有效的指令调度。

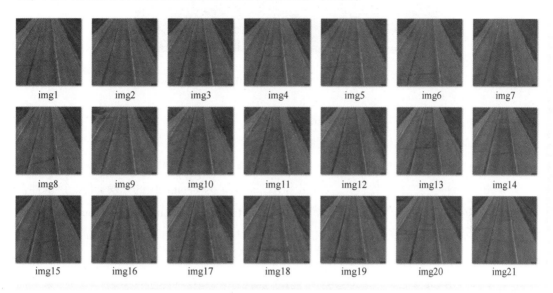

图 7-49　校准数据集

```
def calib_input(iter):
    images = []
    # print('\nbatch {}'.format(iter)) # <---- DEBUG
    line = open(CALIB_IMAGE_LIST).readlines()
    for index in range(0, CALIB_BATCH_SIZE):
        curline = line[iter * CALIB_BATCH_SIZE + index]
        calib_image_name = curline.strip()
        # print('Processing Picture: ' + CALIB_IMAGE_DIR + calib_image_name) # <---- DEBUG
        image = cv2.imread(CALIB_IMAGE_DIR + calib_image_name)
        if image is None:
            break
        image = pre_process(image, (416, 416))
        images = np.array(image, dtype=np.float32)

    return {'input_1': images} # input nodes: input_1, you can check your pb file via netron
```

图 7-50　input_fn 函数部分代码

Vitis AI 针对不同 DPU 开发了多种编译器。DPUCZDX8G 采用 XCompiler 编译器，XCompiler 表示基于 XIR 的编译器。XIR（Xilinx Intermediate Representation）是基于计算图的 AI 算法中间表示形式，专为在 FPGA 平台上执行 DPU 编译和有效部署而设计。Vitis AI 编译器同样需要在 Vitis-AI Docker 环境下执行，编译的核心指令为 vai_c_tensorflow，如图 7-51 所示。在这条命令中需要使用 deploy_model.pb 和包含 DPU 的架构信息 json 文件，json 文件在使用 Vivado 设计硬件电路时生成。

```
vai_c_tensorflow --frozen_pb ${DEPLOY_MODEL_PATH}/deploy_model.pb \
                 --arch ${ARCH} \
                 --output_dir ${OUTPUT_PATH}/ \
                 --net_name ${NET_NAME} \
                 --quant_info
```

图 7-51　vai_c_tensorflow 指令

执行完 vai_c_tensorflow 后会在 ${output_dir} 路径下生成 Xmodel 文件，该文件包含 8 位定点权重值与计算图，可在边缘设备上被网络模型调用。

（3）Zynq 部署

为了便于硬件开发人员开发使用，Xilinx 推出了一款名为 PetaLinux 的开发套件。该套件含有 Linux、U-Boot 库、DeviceTree、源代码以及 Yocto Recipes。PetaLinux 支持 Zynq UltraScale + MPSoC、Zynq-7000 全可编程 SoC，以及 MicroBlaze，可与 Xilinx 硬件设计工具 Vivado 协同工作。使用 PetaLinux 工具，开发人员可以定制 U-Boot、Linux 内核或 Linux 应用，对于不熟悉软件开发的硬件工程师来说，极大简化了 Linux 系统的开发工作。使用 PetaLinux 可生成边缘设备所需要的 img 系统镜像文件，生成系统镜像文件需要用到搭建硬件系统时生成的系统结构 XSA 文件。使用 Balena Etcher 系统烧录软件将镜像写入 SD 卡，如图 7-52 所示，烧写过程耗时十几分钟。

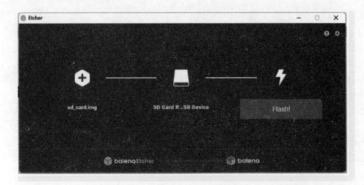

图 7-52　烧写系统镜像

烧写完成后，使用 MobaXterm 软件对边缘设备进行操作。MobaXterm 是一款远程终端控制软件，支持 SSH、X11、RDP、VNC、FTP、MOSH 等远程网络工具。本示例使用 SSH 对边缘设备进行控制。SSH（Secure Shell）是由 IETF（The Internet Engineering Task Force）制定的建立在应用层基础上的安全网络协议。在使用 SSH 登录系统之前，要确保主机与边缘设备处在同一网络环境下，并获得边缘设备的 IP 地址。通过 MobaXterm 设置好边缘设备的 IP 后，就可以登录系统了，如图 7-53 所示。登录成功后，使用 scp 命令将网络模型和移植好后的模型文件等传送到边缘设备上。

图 7-53　使用 SSH 登录边缘设备

运行路面破损程序，检测结果的左上角有运行时间、帧率等信息，检测结果如图 7-54 所示。

图 7-54　裂缝识别网络检测结果

7.5　本章小结

本章通过对常用参数化 IP 核的介绍和详细讲解，使读者了解在 FPGA 类 AI 芯片开发中常用的硬件加速器，并且介绍了 Vitis AI 开发工具包中各个工具的功能和用法，帮助读者掌握

FPGA 类 AI 芯片开发的核心技术。最后，通过一个具体的应用开发示例展示了 Vitis AI 平台的实际应用场景和开发流程，进一步强调了该平台在边缘计算和数据中心方面的重要性和应用价值。

7.6 本章习题

1. 解释 Vitis AI 平台的设计理念及其在 FPGA 类 AI 芯片开发中的重要性。

2. 什么是常用参数化 IP 核？举例说明其在 FPGA 类 AI 芯片开发中的应用。

3. 简要介绍几种常用的参数化 IP 核，包括针对 Zynq UltraScale+ MPSoC 的 DPUCZDX8G 和通用 CNN 处理引擎 DPUCVDX8G。

4. Vitis AI 开发工具包中包含哪些主要工具？分别描述它们的功能和用途。

5. 解释 Vitis AI 量化器的作用，并说明在 FPGA 类 AI 芯片开发中的重要性。

6. 什么是 Vitis AI 优化器？简要介绍其如何优化模型精度和处理效率。

7. Vitis AI 编译器有什么作用？它如何实现自定义模型的极速部署？

8. 简要描述 Vitis AI Profiler（分析器）的功能和用途。

9. Vitis AI 库提供了哪些功能？说明这些功能对于 FPGA 类 AI 芯片开发的重要性。

10. 举例说明 Vitis AI 平台的一个应用开发示例，如何利用该平台进行道路裂缝检测？

11. 解释 Vitis AI 平台的应用场景，并举例说明其在边缘计算和数据中心方面的应用。

12. 分析 Vitis AI 平台在提高 FPGA 类 AI 芯片开发效率方面的贡献。

13. Vitis AI 如何支持主流框架和最新模型？为什么这一点对于 AI 开发者很重要？

14. 说明 Vitis AI 平台对于实现更快的执行、性能加速和生产的作用。

15. 总结 Vitis AI 平台对于促进 FPGA 类 AI 芯片的开发和应用的重要性。

同构智能芯片平台应用开发实践

本章将详细介绍如何利用 Jetson Nano 开发者套件进行同构智能芯片平台应用开发的实践过程。首先，对 Jetson Nano 开发者套件进行简要介绍，然后，详细阐述使用 Jetson Nano 开发者套件之前的准备工作。包括安装必要的硬件组件，如风扇、无线网卡、摄像头的安装，以及操作系统和相关软件环境的正确设置。接下来，通过一个实际的行人识别项目实践，展示在 Jetson Nano 上进行模型训练和应用开发的全过程。

通过学习本章内容，读者不仅可以掌握如何利用 Jetson Nano 开发者套件进行智能应用开发，还能够熟悉相关的操作步骤和技术要点，为未来的项目实践奠定坚实的基础。

8.1 Jetson Nano 开发者套件简介

Jetson Nano 开发者套件是一种功能强大的小型计算机，可以在图像分类、目标检测、分割和语音处理等应用中并行运行多个神经网络。它具有体积小、性能高、功耗低及稳定性强的特点，在机器视觉、深度学习、边缘计算等方面有先天优势。

NVIDIA 在 2019 年 NVIDIA GPU 技术大会（GTC）上宣布推出 Jetson Nano 开发者套件，面向嵌入式设计师、研究人员和 DIY 制造商，在紧凑、易于使用的平台上提供现代 AI 的强大功能和完全的软件可编程性。Jetson Nano 通过四核 64 位 ARM CPU 和 128 核集成 NVIDIA GPU 提供 472 GFLOPS 的计算性能。它还包括采用高效、低功耗封装的 4GB LPDDR4 内存，具有 5W/10W 电源模式和 5V DC 输入，Jetson Nano 开发者套件配置如图 8-1 所示。

Jetpack 4.2 SDK 为基于 Ubuntu18.04 的 Jetson Nano 提供了完整的桌面 Linux 环境，提供支持 NVIDIA·CUDA Toolkit 10.0 的加速图形以及 cuDNN 7.3 和 TensorRT 5 等库。SDK 还包括本地安装流行的 TensorFlow、PyTorch、Caffe、Keras 和 MXNet 等开源机器学习（ML）框架，以及 OpenCV 和 ROS 等计算机视觉和机器人开发框架。

GPU	128核NVIDIA Maxwell™架构GPU
CPU	四核ARM® Cortex®-A57 MPCore处理器
内存	4GB 64位LPDDR4
存储	microSD（不包括卡）
视频编码	1x 4K30 | 2x 1080p60 | 4x 1080p30 | 9x 720p30 (H.264/H.265)
视频解码	1x 4K60 | 2x 4K30 | 4x 1080p60 | 8x 1080p30 | 18x 720p30 (H.264/H.265)
网络	千兆以太网、M.2 Key E
摄像头	2x 15针2通道MIPI CSI-2摄像头接口
显示器	1x HDMI2.0、1x DP 1.2
USB接口	4x USB 3.0 Type-A接口 1x USB 2.0 Micro-B接口
其他I/O	40针接头（UART、SPI、I2S、I2C、PWM、GPIO） 12针自动化接头 4针风扇接头 4针POE接头 直流电源插座 电源、强制恢复和复位按钮
规格尺寸	100毫米 × 79毫米 × 30.21毫米 （高度包括载板、模组和散热解决方案）

图 8-1　Jetson Nano 开发者套件的配置

8.2　使用前的准备

在开始之前，需要准备好以下设备，因为 Jetson Nano 的官方套件只包含一块核心和一块载板，不包含任何配件。

- 一个读卡器（最好是 3.0 以上的）。
- 一张 SD 卡（推荐 32GB 以上，有条件的读者可以直接选配 64GB）。
- 一个 M.2 接口的无线网卡（Nano 默认不带无线网卡）。
- 一根 HDMI 传输线。
- 一个 5V/4A 的适配器。
- 一个显示屏。
- 一套键盘和鼠标。

- 一根增益天线（有条件的读者可以准备两根）。
- 一个 5V4pin 的散热风扇。

▶▶ 8.2.1　安装风扇

将散热风扇装在 Jetson Nano 的核心板散热片上（轻一点拧螺丝），如图 8-2 所示。
然后将散热风扇的线接入载板，如图 8-3 所示。注意：有凹槽，请勿乱插。

图 8-2　风扇位置　　　　　　　　　　　　　图 8-3　插槽位置

▶▶ 8.2.2　安装无线网卡

首先，拆下载板上的螺丝，如图 8-4 所示。
然后，将组装好的无线网卡装上，如图 8-5 所示。

图 8-4　板上螺丝　　　　　　　　　　　　　图 8-5　无线网卡

▶▶ 8.2.3　安装摄像头

Jetson Nano 上预留了 CSI 摄像头接口，其中 a02 版本有 1 个 CSI 接口，b01 版本有 2 个 CSI
接口。通过一系列指令即可完成对摄像头的信息获取。摄像头接口如图 8-6 所示。

图 8-6　摄像头接口

▶▶ 8.2.4　配置系统

Jetson Nano 本身没有操作系统，需要借助 SD 卡进行系统烧录。Jetson Nano 要求最低配置 16GB 的 SD 卡，但是 SD 卡除了存储操作系统以外，还需要保存其他必备文件，本实践选配 64GB 的 SD 卡作为系统的存储设备。除 SD 卡以外还需要自行配置一根 5V/2A 的 MicroUSB 电源线。Jetson Nano 系统安装的具体步骤如下。

1）镜像固件和烧录软件下载。镜像固件在 NVIDIA 官方网站进行下载，下载地址为 https://developer.nvidia.com/embedded/downloads。Jetson Nano 使用的是 Linux 系统，目前最新的系统版本为 4.6，系统压缩包大小为 6.1GB。烧录软件为 Etcher，它是一款跨平台的 U 盘镜像制作工具，因其操作方便简洁，可以自动识别设备，并且开源免费、安全性较高，所以使用较为普遍。

2）格式化 SD 卡。为避免 SD 卡原有的文件对系统烧录过程产生影响，首先需要对 SD 卡进行格式化。下载、安装并启动格式化工具 SD Card Formatter，选择 SD 卡驱动器，格式选择为快速格式，开始 SD 卡格式化。

3）系统烧录。Etcher 是一款 U 盘镜像制作工具，可以将镜像刻录到 U 盘，可以连接 USB 的存储设备都可以使用，包括 SD 卡，它支持 isp、img、disk、raw 等多种镜像格式，操作较为方便简单。打开烧录软件 Etcher，选择 1）步骤下载的系统镜像固件开始进行系统烧录，烧录的固件会分配十几个分区，烧录过程如图 8-7 所示。

4）系统基础配置。在 Jetson Nano 上插入已经烧录完成的 SD 卡，并按照 Jetson Nano Developer Kit 引导完成初始设置。

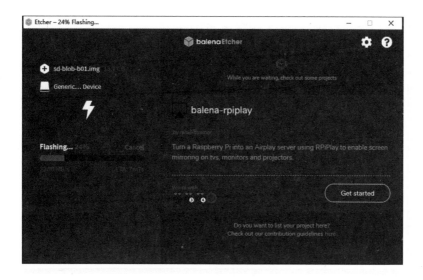

图 8-7　系统烧录过程图

8.3　开发实践：行人识别

本节验证 Jetson Nano 开发者套件在具体应用场景下的使用效果，以行人识别为背景，基于嵌入式设备对模型的性能和检测速度两个方面展开理论研究和实验验证。本实践是基于安防行业对智能监控系统的需求，而设计的一套基于嵌入式设备的跨摄像头行人识别方案，可在边缘端完成行人数据采集和分析，降低云端通信成本。

▶▶ 8.3.1　模型训练

本节行人检测模型训练使用的数据集为 VOC2007 和 VOC2012 数据集，行人重识别模型训练使用 Market-1501 数据集。模型训练平台：处理器为 Intel i5-8330H，显卡为 NVIDIA GeForce RTX 1060，显存为 6 GB，内存为 2×8 GB，512 GB 的固态硬盘，1 TB 的机械硬盘。开发环境为 Windows 10、Python 3.7、Pycharm、PyTorch 1.7.0、CUDA 10.1。

模型训练前需要设置模型训练参数，整个训练需要迭代 100 个 Epoch，前 50 个为冰冻训练，后 50 个为解冻训练。冰冻训练阶段，将 batch_size 设置为 16，模型主干被冻结，特征提取网络不会发生改变，此时仅对网络进行微调操作，GPU 显存占用较少；解冻训练阶段，将 batch_size 设置为 4，模型主干不被冻结，特征提取网络会发生改变，此时网络所有参数都会改变，GPU 显存占用较多。输入图像尺寸为默认的 416×416 像素，学习率为 0.001。改进后的 GhYOLOv4 的模型训练损失图如图 8-8 所示。

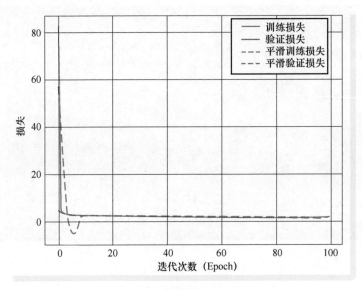

图 8-8　模型训练损失图

从图 8-8 可以发现，在第 2 个 Epoch 左右，损失值大幅度下降，之后开始缓慢降低；当到第 51 个 Epoch 时，由于从冰冻训练切换到解冻训练，损失值出现了轻微跳动，之后继续缓慢降低；直到 80 个 Epoch 后开始达到最低并稳定不变。选择在测试集上表现最佳的模型作为最终模型，其性能满足系统需要。

▶▶ 8.3.2　实验环境

（1）硬件环境

本实践的模型训练在 PC 端完成，但最终的功能实现不能只停留在 PC 端上，因此本实践将算法移植到嵌入式设备上完成各项功能测试。具体的嵌入式终端设备硬件参数如表 8-1 所示。

表 8-1　嵌入式终端设备硬件参数信息

设　备	参 数 信 息
Jetson Nano	四核 Cortex-A57 处理器
	128 个 NVIDIA CUDA 核心的 Maxwell 显卡
	4GB 内存

（续）

设　备	参数信息
高清摄像头	200 万像素
	分辨率 1920×1080 像素
	最高帧率为 30 帧/s
无线网卡（EC20）	LTE Cat.4
	最大上行速率 50Mbit/s
	最大下行速率 150Mbit/s
西数硬盘	支持 GNSS
	1TB 存储容量
	转速 5400r/min

为了验证本实践行人检测算法的可移植性和可行性，将算法移植到嵌入式开发板 Jetson Nano 中，便于算法应用在车载系统中。车载系统的输入模块通过车载摄像头获取行人图像，运算模块通过将基于 YOLOv3-tiny 改进的行人检测器和基于 DeepSORT 改进的行人追踪器结合来植入嵌入式平台，输出模块输出的是行人检测框的左上角和右下角坐标、行人的类别以及行人身份 ID。

（2）测试场景

本实践采用多个测试场景进行全面测试，对算法的性能和功能分别进行详细的测试。选取校园和商场作为测试场景，具体场景如图 8-9 所示。

a) 学校Cam_1　　　　　　　　　b) 学校Cam_2

c) 学校Cam_3　　　　　　　　　d) 学校Cam_4

图 8-9　算法测试场景

e) 商场Cam_1　　　　　　　　　　　　　f) 商场Cam_2

g) 商场Cam_3　　　　　　　　　　　　　h) 商场Cam_4

图 8-9　算法测试场景（续）

校园和商场这两个场景的测试用途不同，校园场景用于算法测试以及调试，拍摄校园测试视频的摄像头高度约4m，距离场景约10m。商场场景用于实际应用场景测试，在真实应用场景下对多个行人进行检测、跟踪和重识别。相比于校园场景，商场行人较多，环境较为复杂，更考验算法的性能。

▶▶ 8.3.3　行人检测功能测试

根据功能需求，行人检测模块的功能测试分为单目标行人检测和多目标行人检测。该模块需要将视频中出现的行人检测出来并返回其位置信息，视频中所有行人都将提取出来作为单独的行人图像进行缓存以备后续处理。行人检测模块的单目标测试场景为大学校园，检测效果如图 8-10 所示。从图中可以看到，行人检测模块在校园监控视角下能成功检测出行人。由于在 Cam_2 监控视角下行人距离摄像头较远，在画面中占比较小，检测画面中的行人更具挑战性。即便如此，行人检测模块在校园场景下，对于单目标行人检测功能也能很好地完成。行人检测模块对单目标的检测效果良好，达到了终端设备对于行人检测的初步要求。

终端设备在实际应用中是对监控画面中的多个行人进行检测，单个目标的功能检测还不足以体现本算法的实用性，接下来将对行人检测模块的多目标检测功能进行测试，校园场景的行人检测效果如图 8-11 所示。图 8-11a 中黑衣行人被白衣行人遮挡一半但仍被检测到，说明行人

| a) 单行人1学校Cam_1 | b) 单行人2学校Cam_1 |

| c) 单行人1学校Cam_2 | d) 单行人2学校Cam_2 |

图 8-10　单目标行人检测效果图

| a) 多行人学校Cam_1 | b) 多行人学校Cam_2 |

| c) 多行人学校Cam_3 | d) 多行人学校Cam_4 |

图 8-11　多目标行人检测效果图

检测模块对于被部分遮挡的行人依然有检测能力；图 8-11c 和图 8-11d 为低角度拍摄的校园场景，在人群复杂的情况下，行人检测模块能从画面中检测出被严重遮挡以外的其他行人。

经行人检测功能测试证明，行人检测模块的基本功能在实际应用中表现良好，排除行人严重遮挡的情况，可以准确地检测到行人的位置并标注出来。

8.4　本章小结

本章首先对 Jetson Nano 开发者套件进行了简要介绍，然后详细说明了在使用之前的准备工作，包括安装风扇、无线网卡、摄像头以及系统配置等步骤。接下来，通过一个行人识别的开发实践，展示了如何在 Jetson Nano 上进行模型训练和应用开发。在行人识别的开发实践中，首先介绍了模型训练的流程，包括数据准备、模型选择和训练等步骤。然后描述了实验环境的搭建，包括安装必要的软件和工具。最后进行了行人检测功能的测试，验证了开发的应用在 Jetson Nano 上的运行效果。

8.5　本章习题

1. 介绍 Jetson Nano 开发者套件的主要功能和特点。

2. 为什么在使用 Jetson Nano 开发者套件之前需要进行准备工作？列举准备工作的主要内容。

3. 简要描述如何安装风扇在 Jetson Nano 开发者套件上，并说明安装风扇的目的。

4. 介绍如何安装无线网卡在 Jetson Nano 开发者套件上，并说明安装无线网卡的优势。

5. 如何安装摄像头在 Jetson Nano 开发者套件上？简要说明摄像头的应用场景。

6. 解释配置系统在使用 Jetson Nano 开发者套件中的重要性，并列举配置系统的一些关键步骤。

7. 什么是行人识别？简要介绍行人识别技术的原理和应用场景。

8. 行人识别的开发实践中，模型训练的流程包括哪些步骤？简要描述每个步骤的作用。

9. 在行人识别的开发实践中，如何搭建实验环境？列举必要的软件和工具。

10. 解释行人检测功能测试的目的，并说明如何进行行人检测功能测试。

11. 为什么选择 Jetson Nano 开发者套件作为同构智能芯片平台进行应用开发？列举其优势。

12. 通过行人识别的开发实践，学到了哪些关于深度学习模型训练和应用开发的经验？

13. 为什么在智能芯片应用开发中需要考虑硬件配置和环境搭建？它们对开发过程的影响是什么？

14. 解释同构智能芯片平台在边缘计算和嵌入式系统中的应用优势，并举例说明。

15. 总结 Jetson Nano 开发者套件在同构智能芯片平台应用开发实践中的重要作用，并展望其在未来的发展趋势。

第9章

>>>>>>

异构智能芯片平台应用开发实践

异构智能芯片整合了多种架构、处理器核心以及专用加速器，旨在为计算提供更高的效率和灵活性，这种设计让芯片能够更好地适应多种复杂的应用场景，如人工智能、大数据分析、图像处理等。本章将介绍多核芯片的核间通信机制、典型的异构智能芯片平台 TDA4V-MSK 及其 SDK 开发软件。

9.1 多核芯片的核间通信机制

▶▶ 9.1.1 IPC 概述

IPC，全称为 Inter-Process Communication（进程间通信），是计算机科学和操作系统领域的一个重要概念，它指的是不同进程之间进行数据交换和通信的机制和技术。在多任务操作系统中，多个进程同时运行，它们可能需要相互协作、共享数据或者进行通信以完成各自的任务。IPC 提供了实现这种进程间的通信和协作的方法。

以下是一些常见的 IPC 技术和方法。

管道（Pipelines）：管道是一种用于在父进程和子进程之间进行单向通信的简单机制，数据可以从一个进程流向另一个进程。管道有命名管道和匿名管道两种。

消息队列（Message Queues）：消息队列是一种进程间通信方式，允许一个进程将消息发送到队列中，然后其他进程可以从队列中接收消息。消息可以包括数据、命令等。

共享内存（Shared Memory）：共享内存允许多个进程在它们之间共享相同的物理内存区域，这样它们可以直接读写共享的数据，从而实现高效的通信和数据共享。

信号（Signal）：信号是一种用于进程间通信的异步通知机制，通常用于通知进程发生了某些事件，如进程终止或中断信号。

套接字（Socket）：套接字是一种用于在网络中进行进程间通信的方法，也可用于本地进程间通信。它提供了一种标准化的接口，使进程能够通过网络或本地套接字与其他进程通信。

信号量（Semaphore）：信号量是一种用于控制多个进程对共享资源的访问的同步机制，可以用来解决临界区问题和进程同步问题。

文件锁（File Lock）：文件锁是一种通过文件系统进行进程间通信的方式。多个进程可以使用文件锁来协调对文件的访问，以避免冲突和竞争条件。

IPC 的选择取决于应用程序的需求，包括通信的性质、数据量和实时要求等。不同的 IPC 方法具有不同的优点和限制，开发人员需要根据具体情况选择最合适的 IPC 技术来满足其应用程序的需求。

▶▶ 9.1.2　IPC 在多核中的实现原理

共享内存与同步机制：多核系统中，多个核心可以通过共享内存来交换数据。为了防止数据不一致或竞争条件的发生，通常需要引入互斥锁、读写锁或信号量等同步机制，确保同一时间只有一个核心可以访问共享数据。

多线程与调度：在多核系统中，进程的多个线程可能在不同的核心上同时运行，利用多核的并行性提高效率。线程间的通信通过共享内存和线程同步机制（如条件变量、互斥量等）进行管理，确保数据一致性和操作顺序。

原子操作：原子操作是一种不可分割的操作，通常在一个时钟周期内完成。在多核系统中，原子操作有助于防止数据竞争，确保进程之间对共享数据的安全修改。

消息队列和事件通知：消息队列在多核系统中仍然是一种有效的通信方式，尤其是在跨核心进程间传递消息时。通过消息队列，进程可以在不同核心间交换数据，且不需要共享内存。

缓存一致性：由于每个核心都有自己的本地缓存，数据可能在不同核心间出现不一致。多核处理器使用缓存一致性协议（如 MESI 协议）来确保各核心的数据一致性，避免因缓存不同步导致的问题。

分布式同步：在多个核心上运行的进程往往需要跨核心同步。除了传统的锁机制外，分布式同步方法如锁竞争、无锁编程和事务处理也被广泛应用，尤其是在高性能计算和并行处理的环境中。

▶▶ 9.1.3　核间通信协议

在多核系统或多处理器系统中，核间通信协议是一种规范或标准，用于确保不同核心之间能够有效地通信和共享数据。这些协议通常用于确保数据一致性、同步和协作，以便多核心能够协同工作。以下是一些常见的核间通信协议。

MESI 协议：MESI（Modified, Exclusive, Shared, Invalid）是一种用于缓存一致性的协议，用于确保多个核心的缓存中的数据保持一致。每个缓存行都有一个状态，可以是修改、独占、共享或无效状态，以便跟踪数据的状态和位置。当一个核心要修改一个缓存行时，会发送相应的消息来通知其他核心使其缓存中的数据失效或更新。

MOESI 协议：MOESI（Modified, Owned, Exclusive, Shared, Invalid）是 MESI 协议的扩展版本，引入了"拥有（Owned）"状态，使得多个核心可以在某些情况下直接从拥有核心读取数据而不需要从主内存中获取。

Dragon 协议：Dragon（Distributed Remote Agents and Global brOkers Network）是一种用于多核系统中的缓存一致性协议，采用了一种分布式缓存结构，允许缓存行在不同核心之间传递，以实现高效的缓存一致性。

CC-NUMA 协议：CC-NUMA（Cache Coherent Non-Uniform Memory Access）是一种用于非均匀存储访问的多核系统中的协议，试图平衡不同核心之间的内存访问延迟，以确保数据访问的效率。

QPI（QuickPath Interconnect）：QPI 是 Intel 处理器中使用的一种高速互连协议，用于连接多个处理器或核心，支持高带宽、低延迟的核间通信。

HyperTransport：HyperTransport 是由 AMD 和其他公司开发的一种用于连接多核心处理器和其他硬件组件的高速总线协议，提供了高带宽和低延迟的核间通信。

这些协议和技术的选择取决于硬件架构和系统设计，以满足性能、一致性和数据共享的需求。核间通信协议在多核系统中起着至关重要的作用，确保数据一致性和协作，实现高性能和可伸缩性。不同的处理器架构和厂商可能使用不同的核间通信协议。

▶▶ 9.1.4 多核间的接口定义以及示例代码

多核间的接口定义和实例代码会依赖于所使用的编程语言、操作系统和硬件架构。下面是一个简单的示例，演示如何使用 Python 语言在多个核心之间进行基本的通信和数据共享。这个示例使用了 Python 的 multiprocessing 模块，可以在多个进程（核心）之间创建通信通道，如图 9-1 所示。

在这个示例中，使用 multiprocessing.Array 来创建一个整数数组，多个进程可以访问和修改这个数组。然后，创建 4 个进程，在每个进程中运行 worker_function，每个进程都传入一个不同的索引，以便它们可以修改共享数据的不同部分。最后，等待所有进程完成并打印共享数据。

需要注意的是，这只是一个非常基本的示例，多核间的通信和数据共享可以更复杂，具体取决于应用程序的需求和所使用的编程语言和工具。在实际应用中，还需要考虑数据一致性、同步和竞态条件等问题。

```python
import multiprocessing

# 在多个核心中共享的数据
shared_data = multiprocessing.Array('i', [0, 0, 0, 0])

# 定义一个函数，该函数在不同的进程中运行，用于修改共享数据
def worker_function(index):
    for i in range(10000):
        shared_data[index] += 1


if __name__ == '__main__':
    processes = []

    # 创建4个进程，每个进程都会运行worker_function，并传入不同的索引
    for i in range(4):
        process = multiprocessing.Process(target=worker_function, args=(i,))
        processes.append(process)
        process.start()

    # 等待所有进程完成
    for process in processes:
        process.join()

    # 打印共享数据
    print("Shared Data:", list(shared_data))
```

图 9-1　进程共享数据

9.2　TDA4VM-SK 平台简介

TDA4VM-SK（TDA4 Vision Processor Starter Kit）是一款由德州仪器（Texas Instruments）推出的嵌入式处理平台，专为汽车和汽车感知应用而设计。这一平台被广泛应用于自动驾驶和高级驾驶辅助系统（ADAS），以支持车辆在不同环境下的感知、决策和控制。

以下是 TDA4VM-SK 平台的主要特点和组成部分。

SoC 架构：TDA4VM-SK 是一个高性能的系统级芯片（SoC），集成了多个 CPU 核心、图形处理单元、图像处理单元、加速器以及丰富的外围接口，这使得它能够应对复杂的计算和感知任务。

高性能处理：TDA4VM-SK 提供了多个高性能 CPU 核心，例如 ARM Cortex-A72 和 Cortex-A53，用于执行车辆感知和控制的算法。

嵌入式视觉和图像处理：TDA4VM-SK 集成了嵌入式视觉和图像处理单元，用于支持计算机视觉和图像处理任务，例如物体检测、车道保持、目标跟踪等。

嵌入式 GPU：TDA4VM-SK 平台包括嵌入式 GPU（图形处理单元），用于支持图形渲染、

深度学习推理以及其他图形的相关任务。

安全性：安全性对于汽车应用至关重要。TDA4VM-SK 平台提供了安全功能，包括硬件安全模块和加密引擎，以保护车辆的通信和数据。

外部接口：TDA4VM-SK 平台包括各种外部接口，用于连接传感器、摄像头、雷达、LIDAR 等外设，以及用于与车辆内部系统和通信接口的连接。

软件支持：TDA4VM-SK 平台通常提供了一套软件开发工具和库，包括用于开发 ADAS 和自动驾驶应用的算法、驱动程序、操作系统以及开发框架。

9.3 SDK 开发软件简介

软件开发工具包（Software Development Kit，SDK）是一种集成了开发应用所需工具、库和文档的综合性软件套件，旨在为开发人员提供便捷的开发环境。通过 SDK，开发者能够以更高效的方式构建应用程序，利用预先编写的代码库和实用工具，同时获取详尽的文档以指导开发过程。这些工具涵盖了各种平台和技术，使开发者能够专注于应用的核心功能，无须从头开始处理底层的复杂性，从而缩短应用程序的开发周期。TDA4VM-SK 的主要组成部分如图 9-2 所示。

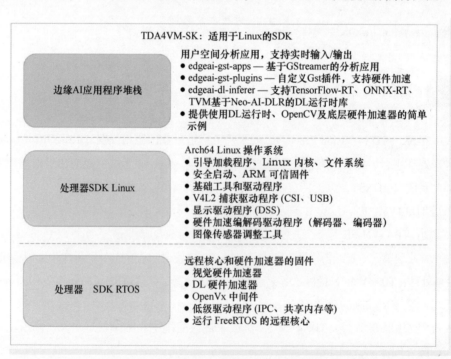

图 9-2　TDA4VM-SK 的主要组成部分

▶▶ 9.3.1　PSDK Linux 软件包简介

PSDK Linux（Processor SDK Linux）是专为 TDA4VM-SK 设计的软件开发工具包，提供了全面的嵌入式 Linux 开发支持。该 SDK 包括基于 Aarch64 架构的 Linux 操作系统，涵盖引导加载程序、Linux 内核和文件系统等基础组件，同时支持安全启动和 ARM 可信固件，确保系统的启动安全性。除了基础工具和驱动程序外，该 SDK 还提供了 V4L2 捕获驱动程序、显示驱动程序、硬件加速编解码器驱动程序等，为多核处理器提供了最佳性能。此外，该 SDK 还包括图像传感器调整工具，帮助开发人员优化图像传感器性能，提供全面的嵌入式 Linux 开发环境，其特性概述如图 9-3 所示。

快速评估		• 简化的SDK安装 • 安装过程简单，可在1小时内开始使用	• 行业标准Linux GStreamer和深度学习运行时API	• 大量的硬件优化深度学习网络	• 无缝的Edge AI生态系统体验
更快的开发和概念验证		• 支持对实时采集、显示、编解码器、连接等功能的开箱即用	• 硬件和DSP加速深度学习推理信号链，包括图像预处理和后处理	• 用于分类、检测和分割的可配置Python和C++演示	• 使用opTIFlow进行最优的多输入和多推断GStreamer管道
工具		• "模型下载器工具"将预编译的深度学习模型直接下载到SK	• 各种设备参数（如CPU、HWA、DDR、负载带宽）的性能指标	• 通过VSCode或类似SSH客户端直接在目标上进行编辑、构建、调试	• 基于PC的开发支持Edge AI应用堆栈交叉构建和安装

图 9-3　Processor SDK Linux for TDA4VM-SK 特性概述

▶▶ 9.3.2　PSDK RTOS 软件包简介

PSDK RTOS（Processor SDK RTOS）是专为 TDA4VM-SK 设计的软件开发工具包，提供了全面的实时操作系统（RTOS）支持，包括专用于计算机视觉和深度学习任务的硬件加速器。该 SDK 整合了视觉硬件加速器用于高效处理图像和视频，以及深度学习硬件加速器用于提高深度学习模型的推断速度。此外，SDK 支持 OpenVx 中间件，为实时计算机视觉应用提供了标准中间件支持。低级驱动程序确保了远程核心和硬件加速器之间的有效通信，而支持运行 FreeRTOS 的远程核心使得在分布式计算环境中更灵活地处理实时任务成为可能。Processor SDK RTOS 为 TDA4VM-SK 提供了一体化的解决方案，使得在实时嵌入式系统中开发和优化计算机视觉和深度学习应用变得更加便捷。Processor SDK RTOS 为 TDA4VM-SK 提供了全面的实时操作系统（RTOS）和硬件加速器支持，具体如下。

（1）视觉硬件加速器

Processor SDK RTOS 集成了专用于计算机视觉任务的视觉硬件加速器，通过专门的硬件实现，能够高效地处理图像和视频数据，加速计算机视觉算法的执行，从而提高整个系统的图像和视频处理效率。这对于需要实时且高效进行图像分析的应用场景尤为重要。

（2）深度学习硬件加速器

Processor SDK RTOS 还提供了专门用于深度学习任务的硬件加速器，通过硬件加速技术，能够提高深度学习模型的推断速度。深度学习在计算机视觉和人工智能应用中广泛应用，因此这个硬件加速器的支持使得 TDA4VM-SK 能够更高效地执行复杂的深度学习推断任务。

（3）OpenVx 中间件

Processor SDK RTOS 提供了对 OpenVx 中间件的支持，这是一个用于实时计算机视觉应用的标准中间件。OpenVx 提供了一系列功能，包括图像处理、特征检测和机器学习，而在 TDA4VM-SK 上的硬件加速器的支持使得这些功能能够更迅速地执行，提高了计算机视觉应用的性能。

（4）低级驱动程序

在 Processor SDK RTOS 中，低级驱动程序涵盖了多个方面，包括 IPC（进程间通信）、共享内存等。这些低级驱动程序是确保远程核心和硬件加速器之间能够有效通信的基础。IPC 和共享内存等机制保证了数据的可靠传输和共享，从而实现了多核系统的协同工作。

（5）运行 FreeRTOS 的远程核心

Processor SDK RTOS 还支持在远程核心上运行 FreeRTOS，这是一个开源的实时操作系统。FreeRTOS 提供了可靠的实时任务调度和管理，为远程核心上的实时任务提供了坚实的基础。这种支持使得 TDA4VM-SK 在分布式计算环境中更灵活地处理实时任务，有助于构建更复杂的实时嵌入式系统。

9.4 使用前的准备

TDA4VM-SK 是一款低成本、小尺寸的主板，其更多信息、支持外设的完整列表、启动模式等的引脚设置请读者参考 TDA4VM-SK 指南。要在 TDA4VM-SK 上运行演示，需准备：

- TDA4VM-SK；
- USB 摄像头（任何符合 V4L2 的 1MP/2MP 摄像头，例如罗技 C270/C920/C922）；
- 全高清 eDP/HDMI 显示；
- 最低 16GB 的高性能 SD 卡；

- 连接到互联网的 100Base-T 以太网电缆；

- UART 电缆；

- 外部电源或电源附件要求；

- 标称输出电压 5-20VDC；

- 最大输出电流 5000 mA。

▶▶ 9.4.1　TDA4VM-SK 板 SD 卡烧录

SD 卡烧录是一种常见的嵌入式系统开发中的软件加载方式，它通过将固件、操作系统或其他关键软件映像文件写入 SD 存储卡，以便在目标设备上引导和运行。以下是 SD 卡烧录的一般过程和相关原理。

（1）准备工作

1）SD 卡格式化。使用合适的工具对 SD 卡进行格式化，确保文件系统和分区结构满足目标系统的要求。

2）获取映像文件。从开发者或硬件供应商的官方渠道获取目标设备所需的固件、操作系统等映像文件。

（2）烧录映像文件到 SD 卡

1）选择烧录工具。使用适当的烧录工具（例如 dd 命令、Win32 Disk Imager 等），根据目标设备的要求选择合适的工具。

2）写入映像文件。利用选定的烧录工具，将映像文件写入 SD 卡的指定分区。这通常涉及将二进制数据直接写入 SD 卡的存储区域。

（3）插入 SD 卡到目标设备

将准备好的 SD 卡插入到目标设备的 SD 卡槽中。

（4）启动目标设备

使用适当的供电方式启动目标设备，目标设备会尝试从 SD 卡加载引导加载程序和操作系统。

（5）系统初始化

引导加载程序从 SD 卡加载并执行启动引导过程，操作系统初始化并开始运行。

引导加载程序是整个启动过程的核心，位于固件映像的开头，作用是初始化系统硬件并引导操作系统。通过检测可用的引导介质（例如 SD 卡）并加载相关的映像文件，引导加载程序确保系统在启动时能够正确配置和加载必要的软件。

总体而言，SD 卡烧录为嵌入式系统提供了便捷的软件部署和更新方式。开发者需要了解设备的要求，选择合适的文件系统和分区结构，并利用适当的烧录工具，确保系统能够顺利从 SD 卡引导并运行。这一过程中，引导加载程序的作用至关重要，它在系统启动时发挥着关键的初始化和引导作用。

▶▶ 9.4.2　TDA4VM-SK 板网络调试方法

对于 TDA4VM-SK 板上的嵌入式系统开发而言，网络调试需要深入了解硬件和软件层面的多个方面。

以下为网络调试的一般步骤。

1）确保硬件连接正常：确保 TDA4VM-SK 板的网络硬件连接正确，检查以太网线连接是否牢固，验证网口指示灯是否正常工作。

2）IP 配置检查：确保 TDA4VM-SK 板和与其通信的设备在同一网络子网中，并检查 IP 配置是否正确。使用合适的工具（例如 ping）验证与板上某个网络接口的通信。

3）网络配置文件：检查嵌入式系统的网络配置文件，通常存储在/etc/network/或类似目录中。确认网络配置文件中的 IP 地址、子网掩码、网关等信息是否正确。

4）网络服务状态：使用命令行工具检查网络服务的状态（例如 ifconfig、ipaddr、route 等），确保网络接口已经正确配置。

5）防火墙设置：如果使用防火墙，确保相应的端口已经打开，可以使用 iptables 或 firewalld 等工具进行配置。

6）抓包分析：使用网络抓包工具（例如 Wireshark）在 TDA4VM-SK 板和通信设备之间捕获网络数据包。通过分析数据包，可以检查通信是否正常，以及是否有异常情况。

7）日志查看：检查系统日志（例如/var/log/syslog 或/var/log/messages）以获取关于网络配置和通信的更多信息，错误或警告消息可能会提供有关问题的线索。

8）远程调试工具：使用远程调试工具（例如 gdbserver 和 gdb）进行远程调试，这对于定位网络相关的软件问题非常有用。

9）更新驱动和固件：确保网络相关的驱动程序和固件是最新的。有时，更新这些组件可能解决与网络通信相关的问题。

10）网络协议分析：如果可能，应进行网络协议分析（如使用 tcpdump），这有助于查看实际传输的数据包，帮助排除通信问题。

11）硬件故障排除：如果上述方法都无法解决问题，考虑检查硬件是否存在故障。可能需要检查网络接口、电缆等硬件组件。

在进行网络调试时，确保对嵌入式系统的修改和配置进行备份，以防需要还原到先前的工作状态。网络调试需要仔细且系统地检查各个方面，以定位和解决问题。

▶▶ 9.4.3　NFS 多核调试例程

以下为一个典型的多核调试 NFS 例程的步骤。

（1）配置目标硬件

1）多核处理器设置：确保目标硬件具有多核处理器，并已正确配置和启动，确保各个核能够正常工作。

2）网络连接：配置好硬件的网络连接，确保目标设备能够与 NFS 服务器通信。

（2）配置 NFS 服务器

1）安装 NFS 服务器：在 NFS 服务器上安装并配置 NFS 服务器软件，通常包括安装 NFS 服务器软件包，例如 nfs-kernel-server。

2）配置导出目录：在 NFS 服务器上配置导出目录，确保目标设备能够挂载该目录，通常需要编辑/etc/exports 文件。

（3）目标设备上的文件系统挂载

在目标设备上通过 NFS 挂载服务器上的文件系统。使用 mount 命令指定 NFS 服务器的 IP 地址和导出目录的路径。

（4）调试工具准备

1）交叉编译器配置：确保使用交叉编译器为目标设备编译程序，确保生成的可执行文件与目标设备架构兼容。

2）调试工具安装：在开发主机上安装适用于目标设备的调试工具，例如 GDB（GNU Debugger）。

（5）GDB 远程调试设置

1）目标设备 GDB 服务器：在目标设备上启动 GDB 服务器，通常是通过在目标设备上运行 gdbserver 命令，指定端口号和要调试的可执行文件。

2）主机 GDB 配置：在开发主机上运行 GDB，并连接到目标设备上的 GDB 服务器，涉及使用 target remote 命令指定目标设备的 IP 地址和 GDB 服务器的端口号。

（6）程序编译和传输

1）交叉编译：使用交叉编译器为目标设备编译程序，确保生成的可执行文件适用于目标设备的架构。

2）传输到目标设备：将编译后的可执行文件传输到目标设备上，通常使用 SCP（Secure Copy Protocol）或其他文件传输工具。

（7）GBS 远程调试

1）设置断点：在 GDB 中设置断点以便调试，可以通过在源代码中设置断点，或使用 GDB 的命令行设置断点。

2）运行调试会话：运行 GDB 调试会话，查看和调试程序的运行状态。在多核系统中，可以同时监视和调试多个核。

（8）分析和修复问题

1）查看日志：检查目标设备上的系统日志，以查看任何与 NFS 挂载或程序运行相关的错误消息。

2）修复问题：根据日志和 GDB 的输出修复任何问题，可能涉及在源代码中进行修改、重新编译，然后重新传输和调试。

这个例程的关键是确保 NFS 服务器和目标设备之间的正确通信，并使用 GDB 远程调试工具在多核环境中有效地监视和调试程序的执行。在整个过程中，了解 NFS 协议、交叉编译原理、GDB 的基本使用和多核系统调试技术都是必要的。

9.5 本章小结

本章探讨了异构智能芯片平台应用开发实践，着重介绍了多核芯片的核间通信机制以及以 TDA4VM-SK 为代表的一种典型异构智能芯片开发平台。通过对该平台 SDK 开发软件的简要介绍，读者能够了解在进行平台应用开发之前的必要准备工作。通过本章内容，读者将能够更好地理解和应用异构智能芯片技术。

9.6 本章习题

1. 异构智能芯片相比传统芯片有哪些独特的优势？

2. 异构智能芯片的设计原理是什么？它如何实现多种处理器核心的集成？

3. 多核芯片中的通信机制对于不同类型的任务有何影响？如何优化核间通信以提高性能？

4. 在多核芯片中，核间通信机制是如何实现的？它对性能有何影响？

5. TDA4VM-SK 平台的硬件组成和架构是怎样的？它如何支持异构计算和应用开发？

6. TDA4VM-SK 平台在异构智能芯片领域的地位如何？其特点和应用场景有哪些？

7. SDK 开发软件在异构智能芯片平台应用开发中起到了什么作用？它们提供了哪些功能和工具？

8. 在 SDK 开发软件中，有哪些常见的开发工具和功能模块？它们如何简化和加速应用程序的开发过程？

9. 开发者在使用异构智能芯片平台进行应用开发时，可能会面临哪些挑战？如何解决这些挑战以提高开发效率和性能？

10. 在准备开始异构智能芯片平台应用开发之前，开发者需要做哪些准备工作？